[英]爱德华·德博诺（Edward de Bono）◎著
周蓓华 马慧勤◎译

CONFLICTS
A BETTER WAY TO RESOLVE THEM

应对冲突的
第三种思维

机械工业出版社
China Machine Press

图书在版编目（CIP）数据

应对冲突的第三种思维 /（英）爱德华·德博诺（Edward de Bono）著；周蓓华，马慧勤译 . -- 北京：机械工业出版社，2021.5

书名原文：Conflicts: A Better Way to Resolve Them

ISBN 978-7-111-68113-7

Ⅰ. ①应⋯ Ⅱ. ①爱⋯ ②周⋯ ③马⋯ Ⅲ. ①思维方法 Ⅳ. ① B804

中国版本图书馆 CIP 数据核字（2021）第 076131 号

本书版权登记号：图字 01-2020-3402

Edward de Bono. Conflicts: A Better Way to Resolve Them.

Copyright © IP Development Corporation 1991.

Chinese (Simplified Characters only) Trade Paperback Copyright © 2021 by China Machine Press.

This edition arranged with Vermilion through BIG APPLE AGENCY. This edition is authorized for sale in the People's Republic of China only, excluding Hong Kong, Macao SAR and Taiwan.

No part of this book may be reproduced or transmitted in any form or by any means, electronic or mechanical, including photocopying, recording or any information storage and retrieval system, without permission, in writing, from the publisher.

All rights reserved.

本书中文简体字版由 Vermilion 通过 BIG APPLE AGENCY 授权机械工业出版社在中华人民共和国境内（不包括香港、澳门特别行政区及台湾地区）独家出版发行。未经出版者书面许可，不得以任何方式抄袭、复制或节录本书中的任何部分。

应对冲突的第三种思维

出版发行：机械工业出版社（北京市西城区百万庄大街 22 号 邮政编码：100037）

责任编辑：冯小妹

责任校对：李秋荣

印　　刷：北京诚信伟业印刷有限公司

版　　次：2021 年 6 月第 1 版第 1 次印刷

开　　本：147mm×210mm 1/32

印　　张：9

书　　号：ISBN 978-7-111-68113-7

定　　价：69.00 元

客服电话：（010）88361066 88379833 68326294　　投稿热线：（010）88379007

华章网站：www.hzbook.com　　读者信箱：hzjg@hzbook.com

版权所有·侵权必究

封底无防伪标均为盗版　　本书法律顾问：北京大成律师事务所 韩光 / 邹晓东

序 言
Conflicts

我们不得不承认,一直以来我们解决重大争端和冲突的方法简单粗暴、不恰当、代价高昂、危险且具有破坏性。世界日益复杂,武器的威力越来越强大,这些都迫使我们重新思考解决冲突的方式。

如果继续沿用传统的方式解决冲突,即使我们拥有世界上最好的意愿和最高的智慧,这些方式也不足以奏效。我们需要从根本上改变我们解决冲突的思维方式。

在本书中我不打算马上给出一个答案,而是要指明一条道路,我相信,这是一条我们必须要走的路。然后,我将提供一些初步的方法。

在这些方法中,最重要的就是重新评估争论/冲突模式,这个思维模式一直受到重视。我将指出这一传统思维模式的吸引力、危险性和局限性。我认为在解决冲突时,冲突各方在思维上也陷入冲突,这样的冲突型思维是有缺陷的,我们必须转向"设计"型思维,以产生创造性的冲突解决方案。

我在冲突中没有发现恶人,而是看到聪明人被他们的立场、逻辑和结论困在争论／冲突模型里。遗憾的是，最直接卷入争端的各方可能处于最不利于解决争端的位置——这就好像邦迪海滩的救生员不会游泳一样。

解决冲突有三条路径：吵架／诉讼；谈判／讨价还价；设计一条出路。走前两条路，只需要争论者。走第三条设计之路，还需要有第三方，从第三方的视角审视冲突。为此我引入了"三角"思维的概念。这个第三方既不是法官，也不是谈判者，而是创意设计师。

要推动一个沉重的球滚过一块海绵，你可以用力推球，也可以压紧球前面的海绵引球往前滚。这里面体现了思考的力量。

我们必须承认，我们解决争端和冲突的方式简单粗暴、不恰当、代价高昂、危险且具有破坏性。

即使我们以世上最好的意愿和最高的智慧来运用这些方式，它们也还是不足的。我们解决冲突的方式必须从根本上发生改变。

引　言
Conflicts

　　阿兹特克神父用一把熔岩制成的刀子将活人献祭者的胸部切开。献祭者被固定在石坛上拱起胸膛，并被分开肋骨。神父把手伸进去，掏出献祭者的心脏并高高举起。心脏在神父的手中继续搏动。献祭者的身体被扔在金字塔的台阶上。

　　这种行为在今天看来是原始且残忍的。但在当时看来，却是光荣、高贵和最热烈的（这个词的真正含义是：与上帝同在）。

　　我们可否设想在未来的某个时代，我们的后代回看我们现在通过大规模杀戮来解决争端和冲突的方式，在他们看来，这个方式是否同样原始且残忍？操作技术上的复杂，并不能掩盖潜藏的原始杀戮。

　　从逻辑上讲，下一场和最后一场战争都是不可避免的。我使用"最后"这个词，不仅指一个系列的最后一个，也想让大家感受这场毁灭性战争的可怕。

　　人类在早先是家庭与家庭交战，然后是部落与部落交战。城市与城市的交战率先出现在希腊，之后出现在意大利。接下来是国家成为作战单位。伴随武器威力的不断增强，作战单位也进一步扩大。战争费用的飙升,导致只有更大的作战单位(国家)才能负担得起一场战争。通信技术的进步,使地区间的文化和价值观变得更加统一。在今天的欧洲,无论是英国向法国宣战,还是德国进攻奥地利,都是不可想象的,但在不到100年前,这个规模的战争几乎触手可及。按照逻辑推演,超级大国集团将是下一个作战单位。在它之后,全球联通、经济互赖和战争的代价,将最终让"作战单位"这个词过时。

我们必须经历这个必然的逻辑,还是能够绕过它?

思考用一根绳子,把一个沉重的钢球悬挂在一个精致的水晶高脚杯的正上方。绳子着火了,玻璃杯就要碎了,这在逻辑上是必然的。条件已经具备,事物如果按照既定轨道向前发展,那么钢球一定会落到玻璃杯上,并将其打碎。除非发生意料不到的事情:一阵风吹来,把火吹灭。如果那个杯子是你的,你会等待意料不到的事情发生才来拯救你的杯子,还是主动采取行动?

同样地,能导致灾难性冲突直至核战争的事物都已经存在了。武器研发、军备竞赛、军事威慑,照各自的逻辑发展下去都会走向灾难。地区局势紧张、敌对和隔绝,也都触目惊心。一些机构诸如联合国,试图解决上面这些问题,但是它们运作的方式是原始且粗糙的。结构上的不足导致联合国难以发挥作用。一些老旧过时的概念和思维习惯只是在激化冲突,而不是设计出路。

新概念只有在被构思出来之后,才能被认知。

几千年里，伟大的埃及迦太基文明、希腊文明和罗马文明都找不到方法计时。它们都已经充分掌握了水钟（滴漏）技术，却都没能想到一个非常简单的概念。这些文明试图把白天切分成几个相同的时间段，再把黑夜也切分成几个相同的时间段。由于昼夜的长短在地中海纬度上是不断变化的，所以这是一项难以完成的任务。直到有人想出来把一天等分成24小时，计时才变得简单：一个显而易见的简单概念却花了很长的时间才想出来。还有哪些同样基础的概念，是骄傲自满的人们视而不见的呢？

我以前写过，人类的相对愚蠢是人类最有希望的地方。

如果我不得不相信，人类在制造当今世界的危机、混乱和危险时，发挥的是他的全部智力和潜能，那么人类的希望就渺茫了。在本书中，我的目的是让大家看到人类的这种幸运的愚蠢，然后从中看到人类的希望。

为什么一直以来我们的聪明才智把我们困在习惯、习俗和制度中，阻碍我们更好地利用我们的聪明才智？

原因是我们开发了一个思维系统，在当时是适合的，如今却严重不足。这个思维系统在大多数领域都为我们提供了良好的服务，但是在解决冲突方面却毫无用处。这是因为这个思维系统（基于语言逻辑和矛盾原则）本身就是一个冲突。因此我们是在用冲突（的思维）来解决冲突。

我们现在对大脑的工作原理有了足够的了解，能够设计出更合适的思维系统。特别是我们现在知道大脑的感知部分是一个自组织的信息处理系统,它与我们通常所知的"被动"的信息处理系统有很大的不同。由于以前缺乏这种了解,我们一直未能在这个重要的感知系统上着力,而只能聚焦在下游的逻辑(或数学)系统。由于逻辑(或数学)系统的运作是被感知系统限制的,所以我们的思维一直被局限。

大脑的感知系统才是产生创造力和设计力的地方。

在本书中,我将展示我们尊崇的思维体系在解决冲突方面是过时的、不充分的、危险的。我们需要用建设性的"设计语言"来替代辩证法的语言,尽管辩证法是我们文明的基础。为了运用新的逻辑,我们还需要抛弃矛盾原则。

在任何争端中,从逻辑上讲,对立双方都不可能想出解决办法。第三方角色是必要的。这就引出了我将要介绍的"三角思维"的概念。

现行政府和联合国在结构上不足以发挥设计的作用。即便是怀着世上最好的愿望,它们也只能继续代表它们所代表的,并继续相互争辩。对此,我看到一个明确的需要,我们需要建立一个超国家的、独立思考的新组织。这就是SITO,我将解释它是如何运转的。

我想澄清的是,我不是一个传统的抱怨者,我不是在抨击一个系统,揭露它的弊端,指望拨乱反正。这样做没有任何意义。要解决一个系统的问题,在这个系统内部想办法,不会取得任何效果。必须改变这个系统。因此,我将指出在解决冲突时,我们目前的思维和结构有哪些不足,然后提出切实可行的替代办法。

我们要做的转变比大多数人意识到的要深刻。我们的思维系统已经严重过时了,不管我们多么为其骄傲和自满。它们完全不足以解决冲突。你永远无法通过提高法语水平学会说西班牙语。你需要切换语言。

但这不是一本劝诫或抱怨的书。本书提出了一个解决冲突的实用思维:设计思维。本书还提出了一个实用的超国家架构:SITO。

爱德华·德博诺

冲突（conflict）

在利益、价值观、行为或方向上存在冲撞,就是冲突。从冲撞发生的那一刻起,冲突这个词就适用了。即便我们说的是哪里可能存在潜在的冲突,这样说也已经暗示了往冲撞发展的方向,尽管这个冲撞尚未显现出来。

制造冲突（confliction）

制造冲突是一个新词,它的意思很明确,即引发、推进、助长或设计冲突的过程。请注意,这个词意指任何为制造冲突所采取的实际行动。它包含发生在冲突形成之前的所有蓄意而为的事情。制造冲突这个词是指一个蓄意的过程,它包含制造冲突的全部心力。在这里,我们不必关心为什么有人要挑起冲突。

去除冲突（de-confliction）

　　去除冲突也是我发明的一个新词，它比制造冲突这个词更重要。为了使去除冲突好理解，我们需要有制造冲突这个词。去除冲突是制造冲突的对立面，它指的是通过设计消解产生冲突的基础。去除冲突不是指谈判或讨价还价，甚至不是化解冲突。去除冲突包含所有致力于把冲突蒸发掉的努力。制造冲突是冲突产生的过程，去除冲突是相反的过程：它把冲突消解掉。

　　本书是关于去除冲突的。

目 录
Conflicts

序言

引言

第一部分

大脑的运作方式和思维模式

01　我们为什么需要了解大脑是如何工作的　// 002

02　辩论有什么错　// 016

03　绘图、思考、思考 -2　// 030

04　对抗、谈判、解决问题还是设计　// 043

第二部分

为什么人们各执己见

05　因为他们视角不同　// 058

06　因为他们想要的东西不同　// 075

07　因为他们的思维方式鼓励他们这么做　// 091

08　因为他们认为应当这样做　// 100

第三部分

创造力、设计和第三方角色

09 设计 // 110

10 为什么争论者在解决冲突时处于最不利的地位 // 126

11 连贯性 // 139

12 目标、利益和价值 // 152

13 创造力 // 158

14 解决冲突思维中的第三方角色 // 173

第四部分

冲突

15 冲突模式 // 190

16 冲突要素 // 199

17 对冲突的态度 // 218

第五部分

解决冲突所需的组织结构

18 为什么现有的组织结构不足以解决冲突 // 226

19 SITO // 250

后记 // 269

译者后记 // 272

第一部分

大脑的运作方式和思维模式

01

我们为什么需要了解大脑是如何工作的

有一个可怕的故事,一位女士把湿漉漉的、浑身发抖的卷毛狗放进微波炉里烘干。我怀疑这个故事的真实性,但它所表达的观点很重要:要使用一个系统,你需要知道这个系统是如何运作的。

我在这里要说的是,我认为如果我们不对人类思考方式的本质进行探讨,而只对人类思考出来的各种结果进行探讨,那么我们的探讨无论如何都不够充分。

人类的思维活动是一项信息处理活动,它发生在我们称之为大脑的这个特殊环境中。我们还不知道大脑的运作细节,但我们对于大脑这类信息处理系统是怎样运作的,的确有全面的认识。我们能解释各种实际的、明确的信息处理行为,并且能从中抽离出原则,这些原则能直接应用到人类的思维活动中。

你可能会辩称,成千上万的人对内燃机的工作原理都一无所知，他们开车不还是开得很棒？为什么我们非要了解大脑才能有效地使用它呢？答案是，只有真正了解内燃机的人才能设计引擎，确保它可靠和便于操控。并且，如果引擎出了什么问题，你只要把问题交给机械师就行了。关键是要有人理解这个系统，理解这个系统是如何被设计得高效且实用的。就我们的思维而言，我们对它的理解即将达到这样的程度。

不可否认，我们有很好的数学和逻辑系统。我们在计算机硬件和软件方面有很强的专业知识。然而，这些都是第二阶段的思考过程。

思考过程的第一阶段是感知阶段。正是在感知阶段，外部世界的混沌被翻译成符号或文字，这些符号和文字可以被我们发明出来的精良的第二阶段系统继续加工。第二阶段系统可能是高度人工的，它的运作方式可能与人脑的运作方式完全不同。但是**感知系统**却是直接依赖人脑的运作方式。这就是为什么我们在处理感知问题时表现得如此糟糕：因为我们还不理解感知系统。我将在下文说明，我们正开始理解感知系统是一个"自组织的信息处理系统"。它与我们熟悉的信息处理系统大相径庭。

我们的大部分思维都是基于语言的。基于语言的思维系统也是第二阶段系统。我们从语言中习得词汇，并可能借出我们的经历创造出新词语。我们按照语法规则和词法规则来使用词汇。我们为基于语言的思维系统感到骄傲，我们相信它是相当美妙的，它也的确如此。于是，基于语言的思维成为一切，我们的文化是如此依赖于它，以至于我们无法想象有其他东西能与之媲美。

然而，基于语言的思维存在一些非常严重的缺陷和危险，在思考如何解决冲突时更是如此，这也是本书的主题。基于语言的思维，在本质上倾向于对事物做区分、分隔和分类。这并不奇怪，因为这正是语言的目的所在。基于语言的思维倾向于识别事物的身份和给事物贴上永久定性的标签。由此，事物才能与思维产生逻辑关联。要注意，这种逻辑关联是建立在身份属性、对等关系、包含关系以及矛盾原则之上的。我将在本书中解释，所有这些方面都对解决冲突的思维产生了深刻的负面影响。

我们还能怎样思考？想象一颗正常运转的行星，它不断地经历与其他星体的位置变化，不断经历过渡阶段和暂时状态。行星处在不断的变动之中，基于语言的思维却总是对事物做固定的分类和贴标签。以变动的方式思考，数学在某种程度上还贴近一些，还有控制论，但两者都有些落后，也不够通用。

目前，我们必须继续使用基于语言的思维，我写这本书也是。然而，我们可以采取三个步骤来避开缺陷和危险（有趣的是，这些缺陷和危险更多地存在于散文，而不是诗歌中）。这三个步骤是：

1. 理解感知的本质。
2. 注意语言的危险。

3. 在语言中引入一些新的工具（例如我几年前发明的新词"Po"，我将在稍后讨论）。

感知的本质

有三个人，每人手里拿着一小块木头。三个人都松开手。

第一个人手里的木头向下掉。第二个人手里的木头向上升。第三个人手里的木头原地不动。

第一种情况完全正常，合乎逻辑，在预料之中。另外两种情况就很奇怪，很不同寻常，完全难以置信了。但这只是因为我们预期第二个人和第三个人跟第一个人身处同一个**世界**。

世界是某件事发生时所处的系统或环境。例如，欧几里得的所有几何命题都发生在二维平面世界里。在二维平面世界里，三角形的三个内角之和总是等于 180 度。一旦我们把平面换成球面，欧几里得的定理就难以成立了。例如，三角形的三个角之和可以超过 180 度。

如果我们预设三个人都以正常的方式站在地球表面，那么不管我们怎么努力，都无法解释第二块木头和第三块木头的奇怪之处。当我说三个人是身处三个不同的世界，这个谜团立刻就解开了。第一个人是站在地面上，所以木头以预期的方式往下掉。第二个人是站在水下，在这个不同的世界里，木头是自然向上浮起的。第三个人是乘坐宇宙飞船在太空航行，所以木头在失重状态下原地不动。

我们可以从这个简单的例子里看到，人们觉得某种行为奇怪且难以解释，只是因为人们不理解产生这种行为的世界，一旦人们理解了其所在**世界的不同**，就会突然觉得这种行为显而易见且合乎逻辑。

这一点非常重要。我们之所以没有理解感知系统，是因为我们总是预设感知跟书写或绘画一样，是发生在同一个世界里的行为。我们习惯于"被动的"信息处理世界，在这个世界，你在一张纸或一个电子设备上做标记，这些标记就一直被保留在那里。感知的信息处理世界是完全不同的，它是一个"主动的"信息处理世界。

过马路

画一个三乘三的网格，在任意一个格子里放数字 1，再在剩下的任意一个格子里放数字 2，照这样继续放数字，直到把九个数字都放进去。你会发现放数字的方式非常多，实际上有 362 880 种不同的方式。这里，我只是举一个简单的例子来说明仅仅是数字组合的数量就有多么大。

如果你站在路边等着过马路，而你的大脑必须读取所有进入大脑的信息，并对它们进行组合以识别路况，那么你至少要等上一个月才能过马路。事实上，不断变化的路况会让你永远也过不了马路。

显然，在感知阶段，大脑必须快速感知周围的世界。这就是主动式信息处理系统的用武之地。这样的系统允许进入的信息自行组织生成**范式**。

一个范式一旦生成，要调用它只需要一个能触发它的输入。依靠这种方式，我们能够在正常的时间里"识别"路况并穿过马路。如果我们的感知系统不是依赖于这样的范式生成和范式调用方式运作，我们人类根本没法生活。这就是感知系统的目的。它是人类大脑最**有用**、最基本的功能，也是计算机科学家极力想在机器上实现的功能。然而，这样的范式生成方式会不可避免地导致僵化和刻板印象。这就是为什么我们如此需要创造力和水平思考，我将在本书的后续章节对此进行描述。

主动式信息处理系统

想象在桌子上放一条毛巾。从旁边的碗里舀出一勺墨水，倒在毛巾上。毛巾上出现一摊墨渍。继续舀墨水倒在毛巾上，最后，毛巾上准确显示出每一勺墨水倒下来的位置。这是一个典型的"被动"式信息处理平面：这个过程就像在纸上或电子设备上做记录。

现在让我们对比一个"主动"式信息处理平面。用一小浅盘明胶（果冻）替代毛巾。在小火上把墨水加热。把热墨水舀出来倒在明胶上。热墨水会融化明胶的表面。墨水冷却后，把它跟融化的明胶一起倒掉，你会看到明胶表面上出现一小块凹陷。这与毛巾上的墨迹相对应。

现在继续舀热墨水倒在明胶上，每勺墨水倒下去的位置与之前相同（每次倒墨水之前先把冷却的墨水和融化的明胶倒掉）。最后，明胶表面会出现一条被墨水侵蚀出来的通道。它的出现是因为后倒下去的墨水在扩散时流到之前形成的凹陷处，并逐渐汇聚，最后形成一条通道。

明胶模型是一个简单的模型，在这个模型里，环境允许进入的信息自行组织生成一个"范式"。简而言之，它是一个"自组织信息处理系统"。

我们所说的范式就好比一条通道，一旦从通道的一端进入，就一定会进到通道的另一端。范式提供了一个时间顺序，依着这个时间顺序，一个状态连接下一个状态——就像是从一条通道里通过那样。

在自然界，有一个更简单的自组织信息处理系统的例子。最初的雨水落到地面，先形成涓涓细流，再汇成小溪，最后聚成河流。一旦水流的流向形成路径，之后的雨水都会流经这些路径。

对我们的大脑来说，自组织信息处理系统是一个奇妙的系统。它是一个能从混乱中快速识别出意义，并快速做出反应的系统。

大脑的运作机制

我们可以展示大脑中的神经网络是如何像自组织信息处理系统那样运作的。我在1969年写了《思考的机制》（*The Mechanism of Mind*，Vermilion，2015）一书。这本书在很大程度上改变了委内瑞拉的教育体系（通过路易斯·阿尔贝托·马查多博士（Dr. Luis Alberto Machado）的努力）。书中提出的大脑神经网络模型在计算机上进行过模拟，模拟结果与预测基本一致。

这本书在当时基本被忽视了，但今天，"自组织信息处理系统"正成为一股浪潮，处在信息技术发展的前沿。在我看来，这一领域必然会取得重大的进展。我现在对自组织信息处理系统的理解，比我在写《思考的机制》时又深入了，有一天我应该会写出一个新的版本。

重要的是，为了获得有用的结论，我们不必等到掌握所有的细节，我们可以研究与我们的大脑相似的系统，然后做出推断。

在自组织范式下，系统的行为看起来简单却意义深远。例如，人们认识到幽默是人类大脑最重要的特征。幽默比其他任何行为都更能揭示我们的大脑是如何处理信息的。

传统的哲学家们忽视幽默的重要性，由此可见，他们不关心思维的感知部分。他们一直在传统的文字游戏里打转。现在是时候来关心思维的系统基础了。

我知道，到目前为止我在这一节里所写的大部分内容，对于熟悉我的著作的人来说，可能是重复的。对此我有些左右为难。这些重复的部分，我不能略过不谈，否则后面的内容会失去基础。我也不能假设这本书的所有读者都读过我之前写的书，比如《思考的机制》。因此，我别无选择，只能请求熟悉我著作的读者谅解，并请求他们特别留意我在之前的著作里没有提到过的新观点。

理解感知系统的意义

正如我在上面提到的，理解感知系统的自组织本质，意义深远。

一旦我们能够理解范式，特别是范式的非对称性（我将在后面的章节讨论），我们就能够理解幽默和创造力。我们还能做更多的事，我们能设计构思精巧的创造性工具，并实际应用这些工具。

我们也将能理解与创造力有关的一个非常特别的文化困境。我将在后面第 13 章有关创造力的部分详细讨论它，但是我会在这里简要地提一下。这个文化困境是这样的，任何有价值的创意，从事后看，都必然是符合逻辑的。因此，我们就一直认为，要产生好的创意，更需要的是好的逻辑，而不是创造力。这完全是对自组织范式系统的误解。这个误解又几乎是一个绝佳的例子，说明当我们不理解一个系统时，运作这个系统会有多么危险。我们将在后文看到，有很好的理由解释，为什么有些事情的逻辑，**只有**在事后看才是明显的，在事前却看不到。

理解感知的本质，对我们运用"科学方法"也有深刻的影响。根据传统，我们会先猜想一个最合理的假设，然后（如果我们依照卡尔·波普（Karl Popper）的理论）从各个方面驳斥这个假设，以使其完善。这个做法有一个非常严重的错误。当我们持有一个假设时，无论这个假设是否合理，我们都将只能看见支持这个假设的证据——我们的感知系统只会这样构建证据。换句话说，很多摆在我们面前的其他证据，我们会视而不见。这就是为什么科学上经常发生这样的事情：支持一个新理论的证据，尽管在很早以前就存在了，却直至新理论被确立之时才最终被看见。一直不被看见的原因是，感知系统是被"合理假设"构建的。

要改变上述情况，我们可以从简单的开始做，从提出永远不应该只有一个假设开始。无论一个假设多么合理和优越，我们都要至少提出另一个假设（不管这看起来有多么不可能），以提供另一种构建。我们还应该反思，在对一个问题进行考量之前应该对它做多少研究，过多的研究会使创新变得困难。有很多领域需要我们重新思考，我们可能会得出与传统大相径庭的答案。

在本书后面的章节，我将讨论感知与信仰系统（见第 6 章 "信念"小节）。信仰的真实性与经验的真实性或者科学的真实性是非常不同的，但是信仰里的每一点都是真实的。显然，理解信仰的真实性的本质，对理解我们在冲突中的思维方式非常重要，因为太多的冲突正是由于信仰不同造成的。

情绪

我们现在要进入的话题比之前的更加基于推测，但它是一个相当重要的话题，还是一个时常令人不愉快的话题。它在理论方面已经有足够的基础（信息处理系统），尽管关于它的证据才刚刚开始出现，我预测，它最终会被科学发现证明。

古希腊人有一个奇特而天真的信念，他们认为情绪是由体液控制的。如果你心情不佳，那是因为你的身体里充满了"黑胆汁"，因此有了忧郁（melancholy）这个词（melan 的意思是黑色，khole 的意思是胆汁）。

古希腊人可能是对的。我们现在更多地理解了化学物质在大脑中所起的复杂而微妙的作用。以前我们只知道它们是神经递质，把神经脉冲从一根神经传递到另一根神经。现在我们知道似乎有各种各样的神经肽信使，它们可以分裂成更多的信使，抑制或者促进特定部位的神经活动。因此，神经活动是发生在一个复杂的、不断变化的化学环境中的。

从理论上讲，任何自组织系统都存在刚性问题，因为系统就是被这样设计的：一个特定的神经状态将沿着范式序列毫无差错地进入下一个预先确定的神经状态。现在让我们假设包裹神经的化学环境发生了变化，同样的初始神经状态却进入了完全不同的后续状态。由于化学环境可以发生变化，下一个神经状态总是可能变化，大脑也就会伴随化学环境的变化而有所不同。这样，系统的灵活性和丰富性立刻得到了极大的提高，行为也变得更灵活。

在日常用语里，这个化学环境就是我们所说的情绪（还可能包含其他一些我们不认为是情绪的东西）。关于情绪的一个有趣的想法是，当我们真正开始设计智能计算机时，我们很可能不得不赋予它们"情绪"。

当然，我们都知道情绪会影响人们的思考，但实际影响远大于我们以为的。一个人不是根据当下的情绪来选择怎么思考，而是他在当下的情绪会让他根本无法进行某些类型的思考。这里的问题不是选不选的问题。一个人完全**没有能力**进入某些类型的思考，就好像一个从未到过纽约的人完全无法回忆他在纽约的经历。处在不同化学环境中的大脑，是**不同的**大脑，至少暂时是不同的。这个事实将极大地影响伦理，并影响解决冲突的思维。

我记得有一个抑郁的人写信给我，告诉我他观察到自己在难过的时候，大脑里不会出现像在高兴的时候那样的想法。这绝不是因为他不去选择高兴的想法，或者高兴的想法出现时他没抓住。

支持证据

我们在解答数学题时要使用逻辑一步一步推出答案。逻辑的问题在于，一旦世界被翻译成符号，符号的行为规则就会占领世界。现在，让我们把逻辑放到一边，来看看所有那些不能被完全转化成符号、不能被委托给由符号操纵的计算机来处理的情形（我想无须由我来提醒读者，把世界翻译成符号，然后完全信任符号的运作（就因为数学是正确的），这样看似正确的行为有多么危险）。

我们现在对"右脑"思维有了更多的了解。对比右脑思维，

"左脑"思维本质上是语言和符号思维。用左脑思考时,注意力可以集中在某个细节上,还可以把这个细节单独提取出来。用右脑思考时,注意力关注在整体范式或总体印象上,它们不能被分解成部分。由此,右脑思维只能被回应,不能被描述或传达,也许艺术例外。这种差异可能是由于右脑的进化还停留在比较原始的阶段,还没有发展出连接和区别功能,但这不妨碍右脑的运作。

假想一下,我们思考的终点,从来都是由我们的情绪和停留在右脑里的总体"印象"设定的,当我们相信自己在思考某件事时,我们其实**只是**经由情绪设定的范式,走一个寻找支持证据的、自我合理化的流程。

像大脑这样的系统,运作起来极有可能是以终为始的,这个说法是有理论支持的。我们能预测并证明事后复盘的学习更容易。

再假想一下——我抛出下面这个概念,继续激发大家思考——从生理上来说,一个人根本不可能通过逻辑来思考。我们以为自己是在通过逻辑思考,这其实是自我欺骗,逻辑只在最后起作用,就是给出清晰连贯的语言表达。

总结

这一章是本书最重要的部分。然而,即便读者不理解、不接受或者不相信我在这一章里所提出的概念,也不影响他们对这本书其他章节的阅读。当然,读者也可能会完全接受字里行间的意思，理解它们的意义，即使我只是做了暗示。

总结如下。我们已经发展出了优秀的第二阶段思维系统，一旦感知系统把世界转换成符号，第二阶段思维系统就可以处理这些符号。然而，思考的大部分重要过程（尤其是跟冲突相关的）发生在感知阶段。我们需要理解感知系统是一个自组织的范式生成系统，它是一个"主动式"信息处理系统，与我们习以为常的"被动式"信息处理系统有很大的不同。理解感知系统的范式生成行为，对我们意义重大。

基于语言的思维系统有很多严重的局限，其中特别严重的是把事物分类和贴上永久性标签。事实上，我们对思维系统的高度信赖可能没放对地方。

既然不对，那这个系统为什么还运作得挺好呢？答案是，它运作得并不好。事实上，它运作得非常糟糕。确切地说，它只在思维的第二阶段，在处理确定的对象时运作得不错。还有，当我们处在"开放的状态"时，它的表现也还不错，因为在开放的状态下，感知不会影响我们对事物的构建。然而，当我们处在"封闭的状态"时，当我们在感知和信念上发生冲撞时，它的表现就非常糟糕了，可以说是劣迹斑斑。基于语言的思维系统运作起来只能是这样。

02

辩论有什么错

辩论是西方思想传统中最崇尚的部分。很多文明都是建立在辩论之上的，例如政府和法院。无论我们称之为争论、辩论、辩证还是对决，其实都是一样的。

我将在这一节抨击"辩论"的本质。我的抨击会很猛烈，而且会采用辩论的方式，而用辩论的方式来攻击辩论，这又恰好形成一个悖论。

这么说吧，我确实看到辩论有很多优点。然而，我不得不抨击它，仿佛它是危险的、毫无价值的，因为我要遵循辩证法的两极化规范。事实上，我认为这样做是危险的，但并非毫无价值。

一个初出茅庐的医生（出于无辜的无知）给病人吃错了药，导致病人死亡。这个医生不是杀人犯，他不邪恶，也不是野蛮人。但他无辜的无知，导致了恶果。这就是我对辩论模式的看法。我觉得它被过度崇拜和滥用了。我相信参与辩论的人是无辜的，因为这个方式用起来不错、有用，况且也没有其他明确的替代方式。然而，这种方式却是危险的，因为它不仅有缺陷，还会带给人们没有缺陷的错觉，阻碍人们去寻找更好的方式。

我不想详述辩论模式的历史沿革。不过还是要提一下，它的源头是苏格拉底式对话，这种对话模式似乎更崇尚激烈地挑战彼此，而不是温和地探究事物。它之所以被中世纪的教会思想家采用并改进，是因为它完全符合教会的目的，教会需要一个强大的武器来击退各类异端邪说。由于当时的人们普遍相信上帝、永恒、正义和完美（作为最基本的概念）的存在，所以辩论的开展是受一定限制的，这正好为语义型辩论设置了理想且合法的环境。总之，教会把辩论模式发展起来了，尽管圣奥古斯丁还是会偶尔在辩论中败下阵来，需要发明类似"神圣恩典"之类的说辞来拯救自己。教会为西方的思想、文化和教育定下了基调，因此辩论也成为牢固的传统。当然，历史上还有其他因素也发挥了作用，比如哲学，哲学家的吃饭家伙就是辩论。

毋庸说，辩论模式一直是解决冲突的主流思维模式，辩论模式自身就是以冲突型思维解决冲突的例证。

辩论是如何开展的

辩论，就是要去改变别人的想法，要去证明别人的想法是错误的，要去反对别人的说明、主张、观点和行动。于是你要出手去抨击呈现在你面前的东西。你面前出现了正方，你就要去做反方。

然而正反双方在一场酣战之后，却要捧出一个融合双方优点的合体。如果我说这种情况从未发生过，不免荒谬，但这种情况极少发生。原因很简单：任何一方都不会采取行动，也没有动机去找出对方观点中的优点。能捧出来的最好的合体，不是双方不情愿的妥协，就是一方不得已的退让。

从理论上讲，正反双方过招时所展现出来的清晰而活跃的思维是引人入胜的。但是现实不是这样。这样的情况只在科学界偶尔出现，而充斥科学界的还是为捍卫过时观念而进行的无用辩论。

通常发生的情况是，辩论进入实力较量的套路，一方在实力较量中获胜，另一方落败。辩论结果是拼实力拼出来的，不是追优秀追出来的。

我们在辩论双方分出胜负之前，应该深入观察他们之间发生了什么。

防守方对自己的观点越来越坚持、越来越确信。他不再做任何探索，他的观点变得僵化。

攻击者对对手观点的抨击越来越尖锐、越来越凶猛。为了增强打击力度，他必须更加聚焦，所以他也不会再做任何探索。

我们可以总结如下：

1. 双方都变得更加强硬。

2. 双方都没有尝试提出不同观点，都只在原有的观点里厮杀。
3. 双方陷入僵局，不知道要多久才能跳出来，不确定这会耗去多少时间、精力和成本。
4. 双方的创造力没有用在提升各自的想法上，而是用在击败对手上。
5. 最终胜出的一方赢在实力上，不一定赢在优秀上。

反对辩论模式的主要理由：所有的创造力都没有用来产生更好的想法。

探索模式

我要描述的探索模式与日本人处理冲突的模式有一些共同之处，而且更加理想化。请不要因为我提到日本就想当然，我提出的模式有它自己的意义。

日本人没有习得西方的辩证思维。在很长一段时间里，日本是一个封建社会，处处讲究礼仪、尊重和礼貌。告诉别人他错了或他的想法不对是非常不礼貌的。所以，口头抨击的行为习惯在日本似乎从未出现过。

"这是如此绝妙和完美，简直不能再好了——现在让我们米探索一下。"

在西方人看来，这句话是矛盾的，因为如果事物已经是绝妙和完美的，那么探索的意义何在呢？

在后面的章节里，我将谈到西方的矛盾概念给我们带来的麻烦，这个概念一直盘踞在西方语言逻辑的基础里（第2章）。现在让我们继续模仿日本人，不要被明显的矛盾困扰。

说完上面那句话后，**双方都开始探索**，一起寻找更好的想法。双方都想看到对方观点中的闪光点。简而言之，这是一种探索，不是一场辩论。

值得注意的是，耗在辩论僵局里的时间几乎没有产出，而花在探索过程中的时间总能有产出。

如果由共同探索产生了双方都喜欢的想法，那么双方都会突然转向那个想法。原来的想法没有受到挑战，没有被推翻，只是不再使用。有趣的是，我们对感知系统的理解告诉我们，要摆脱一个想法，最好的办法是忽略它而不是攻击它——攻击它只会让它变得真实。

现在我们来看一个非常有趣的现象，它与西方社会息息相关。如果日本人找不到更好的主意，他们就重拾之前的想法，之前的想法就像在草地上吃草的绵羊那样一直安静地不受骚扰。与之形成对比的是，在辩论法的世界里，思维的全部力量都被用来摧毁和贬损之前的想法。如果之前的想法被否定了，却又没有替代的想法，这就意味着旧的基础被彻底摧毁，新的设计还提不上日程，社会会因此陷入混乱。所以，西方思维模式里认为的，辩论模式足以产生成效和产出新设计，是完全荒谬的。

日本人处理冲突的方式还有一个优点。在西方的思维模式里，你只有在证明事物有某种程度的不足时才能要求改变。问题是，很多事物都很有价值，很难证明它们哪里不对。例如，学校开设的课程本身都很有价值，但这些课程所占的时间如果移到别的事情上可能对学生更有用。换到日本模式，很显然，东西再好也可以继续提升。正是这样的思维模式让日本公司不断提升质量，并发明了质量管理小组这样的组织。

我想说明的是，我并不是在歌颂日本文化。为了证明我们的"对抗辩论"思维只是一种特定的思维模式，我需要展示一个没有辩证思维传统的思维模式。日本人也陷入过战争和冲突，并且是出于同样的权欲、贪婪和自私。但是由于他们没有辩证思维的传统，他们在本书中提出的"设计之路"上要比西方人走得远一些。

说到这里，我通常就会被挑战，像下面这样：如果说日本人擅长变化，那为什么他们在发明和科学突破上看起来那么差劲呢？为什么日本人只擅长对已有的概念做小幅度的拓展，就是他们所谓的"组合发明"，但不太擅长对概念进行升级呢？我的解释是：对概念进行升级，需要人变得很"冷血"，无视周围人的反对，一心追求自己的逻辑。当弗兰克·威特尔着手设计喷气发动机时，他的同事对他的想法嗤之以鼻，但他坚持了下来，并取得了成功。马可尼出生在意大利，但在英国生活了很长时间，变得足够冷血。作为一位物理学家，他知道无线电波会沿着一条直线传播，而不会沿着地球表面曲线传播。尽管如此，他还是开始从纽芬兰向康沃尔发送无线电信号，尽管他的朋友们都说他疯了。他就是这样一个冷血的人。他成功了，因为电离层将无线电波反射回了地球。冷血的方式不是被所有人接受的，它只对冷血的人有意义——对其他人没有意义。冷血不仅给英国带来了丰硕的发明成果，还掀起了一波又一波的工业浪潮。日本的文化是集体文化，个体的冷血行为不可能发生，只要你的同事认为你疯了，你就会闭嘴。

不可否认，西方的辩证思维促进了我们的技术进步，技术进步在本质上是通过不断提出新的理论取代旧的理论来实现的。但是我认为辩证思维只起了一小部分作用。西方技术发展的关键在于"假设"这个概念——对事物是什么的猜测，把人们的思考引向探索。几个世纪以前，中国的技术非常先进。那是技术人员进行实验和尝试的年代。然后学者们来了，他们能用理论解释一切，于是不再需要做任何实验了。中国技术由于没有"假设"的概念，只能戛然而止。据说，西方之所以会发展出假设的概念，是因为人们相信上帝，相信上帝对世界有一个秘而不宣的设计，人们的假设都是对这个设计的猜测。中国文化是无神论的，没有上帝，也就没有什么隐秘的设计要猜，所以也就没有假设。

我们将在后文说明，如何借助水平思考，以一种精心设计的、有序的方式，激活个体的冷血思维，让假设这个概念发挥作用。事实上，"Po"这个词能让人们在一种暂时的、不会失控的状态下，以冷血的方式思考，跳脱逻辑束缚，开启新想法。

现在让我们列出探索模式的要点：

1. 已有的想法不会受到攻击，之后也许会回到这些想法，因为不曾对这些想法有过质疑和贬损，所以不至于回不了头。
2. 双方从一开始就共同参与创造性的探索和设计。
3. 所有的时间都用在积极探索和创造上。
4. 因为没有必要挑剔错误，所以一个想法哪怕已经很好了，也还是可以被讨论和改变。
5. 双方共同设计，然后共同评估。
6. 不存在"谁对谁错"的问题——不需要区分你的想法和我的想法。

在每个阶段都表现正确

大家可能会说，但是最终，总需要对探索出来的想法做评估吧。必须在某个阶段，对想法做严格的审查，审查它是否安全、是否可行、是否能带来预期效益。在这个阶段用上辩证法总没错吧？我仍然不确定，我看不出来为什么共同评估（甚或是第三方独立评估）不能取得更好的效果。然而我承认，我对在这个阶段使用辩论模式，不那么反对。

人们竟然相信辩论是一个产生创造、设计和新想法的模式，这个看法很危险，这样的说法简直是一派胡言。如果日常冲突只能在辩论模式里解决,那么创意设计少得可怜就不足为怪了。

根据定义,在辩论模式里,你必须确保自己在每个阶段都是正确的。这意味着你在逻辑上必须是前后一致的,观点和事实之间不能出现相互矛盾。你每推进一步,都需要提供证据支持。你还需要把假设和感觉完全排除在外。

我们现在知道,在创意过程中出现的想法,有些就只是闪念,不是真实想法(真实想法要能经过感知系统范式的逻辑验证)。我们的大脑里还会浮现半真半假的信息、建议的声音和利益的暗示。这里面没有一个经得起逻辑检验,没有一个能自圆其说。然而它们不会被检验,它们被煲在自组织感知系统的创意浓汤里,直至煲出最终想法。只有这个最终想法需要经得起逻辑检验。

一个想法必须在其产生过程中的每个阶段都表现正确,最终才会正确,这个概念已经过时了。还保持有这个概念的人完全不了解感知系统和范式生成过程。

否定

否定对手是辩论的主要目的之一。这里面又分两层。第一层是摒弃不正确的、不能被验证的陈述和想法。第二层,也许更为重要的是,让人们仔细考虑他们将要说的话,因为话一说出口就会引来攻击。在实践中,否定对手可以借助一个简单的做法,这个做法常见于冲突情境。我们的词汇库里有一类词语数量很大、取用方便,这类词语的含义都很宽泛、很模糊,而且都跟价值观绑定。这类词语在所有场合都管用，用上就能免受攻击。这类词语包括权利、自由、压迫、正义、人性和苦难等。使用这类词语永远不会错，把它们唤醒后就能展开任何形式的辩论。我之后还会再谈到这些词语。这些词语被用来表达什么，取决于辩论者的意图。显然，由于人们在冲突情境中不会以温和友善的方式提出自己的观点，人们也就不会很好地遵守正确的辩论规则。

说到这里，辩论模式就只剩下消极意义了。谁能去把对手论点中的闪光点挑出来呢？这个任务显然无法交给参与辩论的人，而适合交给第三方。我将在本书后续章节（第 14 章）说明这个第三方角色，这个角色是"冲突三角形"中的一部分。

我在前文（第 1 章"情绪"小节）说到，消极的行为会引起消极的情绪，消极的情绪又会限制感知系统的运作。当我们陷入消极情绪时，我们可能根本无法开展建设性的思考。此外，消极的情绪还会引发消极的行为，由此影响每个辩论者对待他人的方式。输赢本身变成一场冲突，冲突不再只是对事情的讨论。试图用一个冲突去解决另一个冲突，这样做是荒谬的。

从理论上讲，当双方都足够老练并且深谙游戏规则时，以文明的方式进行辩论是有可能的。然而，法庭上的经验表明，即使是高手对阵，他们也会很快陷入争强好胜的定式，不再记得辩论的目的是要共同探索。律师们都认为自己有责任指出对方的弱点，并借此转移大家的注意力，忽略有利于对方的论证。

我说了这么多，并不是在为创造力站台。我在说明怎样做才是有建设性的，怎样做才能产生成果。攻击不能产生成果，建设才能产生成果。即使是最普通的建设过程，普通到毫无创意的闪光，也不可能通过消极的辩论模式完成。

表现正确

如果否定是辩论模式的大杀器，那么正确就是它要实现的大成就。证明自己正确，既是要让自己的观点免受攻击，也是要展示自己的条理清晰连贯，还能强化撑过枪林弹雨后的幸福体验。问题是：正确到底有多重要？

正确的范围很广，从把人送到月球上确切位置所需要的复杂计算，到祖母对下午晚些时候会不会下雨的猜测。正确是天堂，一旦你正确了，你就会得到各形各色的美誉：智慧、品格、能力，等等。

我们非常需要医生和飞行员正确地工作，我们会检测他们的正确性。这种正确性与政治家或是参与辩论的人要表现的正确性非常不同。

一个算得上聪明的人，总能为自己的观点构建条理清楚的论证，无论这个观点是什么。这就是我们所说的"智力陷阱"：聪明人的思考被用来论证自己的观点，而不是去探索别人的观点，聪明人还乐在其中。

表现正确并不难。选择一个观点，选择合适的信息，忽略掉不合适的，再加入几个高大上的价值观词语，对反方的意见和证据冷笑几声，你的演讲就是很棒的演讲，你就是一个很好的人。尽管冷笑与信息处理完全无关，它却是一个极好的工具，不说话就能达到效果。可以说，冷笑纯粹地体现了否定的精华。

游戏规则

一旦进入游戏，你就必须遵守游戏规则。这是一个基本点，我将在本书中反复强调。这也是为什么有必要建立（不同于辩论的）思维结构和系统。参与者学着按照规则行事，就会发现自己的思维方式改变了。

如果你找来一群人，他们的内心充满善意，遇到事情总是往好里想，你组织他们开展一次辩论，进入相互对抗，结果会怎样呢？毫无意外地，他们之间会爆发冲突，各自捍卫自己的立场，力争获得胜利，让对手承受失败。我们能凭什么指望有所不同呢？

参与者的善意并不能保护他们不被辩论模式带走。

辩论的通用目的

我们大量地使用辩论，那么我们使用它的目的是什么呢？

1. 证明某人是错的。证明他说的一件事与另一件事不一致。证明他是自相矛盾的。证明他是前后不一致的。总的来说，就是要指出所有可能的错误来源：狭隘的偏好、放大镜效应，以及我在书中其他地方提到的其他所有可能。

2. 显示某人的愚蠢或无知，因此他说的一切都一文不值。显示某人不近人情、铁石心肠，或者恃强凌弱，是个令人憎恶的人。显示某人不诚实、不一致、不可靠。这样做，都是为了贬低别人的想法和逻辑：某人的想法和逻辑难道还能好过他的为人吗？
3. 在联合国、议会、陪审团或电视上给人留下印象。
4. 为谈判设定情绪，情绪是谈判基调的组成部分。设定的情绪可以是强硬的、强烈的、威吓的，或者顽固的。这样的情绪对辩论的影响极大，能左右谈判的思路。这一点我在本书第 2 章"否定"小节提到过。
5. 质疑某一特定解释的确定性（例如在法庭上），并提出其他解释的可能性。这是辩论最接近创造力的情形。
6. 对事物进行探索。呈现你的视角并了解别人的视角。推进（面向未来）和加深（面向价值观）每一个视角。就现状和采取行动会有什么后果交流看法，看到彼此看法上的差异。设想在各种情境下如何求同存异，充实和扩展彼此的设想。
7. 提升对事物的洞见以改变观点。帮助某人顿悟。

很明显，提升洞见（第 7 点）是所有目的中最令人期待的。如果参与辩论通常都能提升人们的洞见，那么普遍应用辩论模式就是充分合理的。

不幸的是，这种情况极少发生。如果我们期待的是提升洞见，那么我在下一章描述的"绘图思维"能更有效地满足这个期待。思考下面这个简单的例子：

一个人在抱怨停水，没有发通知就把水停了。她觉得应该发通知，而且在固定的时间段内停水。听她抱怨的人同意这样做会有帮助，但他不确定人们是否会在接到通知后用浴缸和脸盆储水，结果消耗更多的水。抱怨者立刻明白了，因为这正是她多年前在香港遇到停水时所做的事情。在这个例子里，一段个人经历激发了洞见。

人们还可能觉得探索（第6点）是辩论的真正目的，但其实不是（虽然探索可能是辩论的副产品），否则辩论过程就应该是讨论过程了。一场辩论的先决条件是，双方已经持有观点，双方相互攻击，双方都只为自己辩护。所以，辩论并不会引出新观点。探索才会引出新观点，探索这个词就是这样定义的。同样，如果辩论的出发点真是探索，那么为什么不以更加直接和有效的方式进行呢？下一章要描述的思维模式就是更加直接和有效的方式，它可以替代辩论模式。

03

绘图、思考、思考 -2

除非给出替代方案，否则我对辩论模式的抨击就只会是另一个辩论的例子。我给出的替代方案就是"设计"思维。它是以建设性的方式对情境进行探索，目的是设计一条出路。它在某些方面就像绘制一张地图，画出所有可能的路线，然后选择其中一条。本章所描述的绘图工具非常简单和基础，就是学校思维课上在教的。实际应用时，这些工具可能会复杂化。不过即使是简单的工具，也足以显示辩论和绘图之间的区别。

一个探险家来到一片新的土地，要画出新的土地的样子。他可能先向北看画出北面的样子，再向东看画出东面的样子，接着向南看画出南面的样子，最后向西看画出西面的样子。就这样，他画出一张简单的地图。东南西北这四个方向为他提供了一种方便，方便他集中注意力，每次画好地图的一个部分。

我们可以用一个非常类似的过程来思考。

几个月来，一位商人一直在与一家大型石油公司谈一笔交易，不时有文书往来、律师拜访，以及例行的冗长谈判。有一天，这位商人去参加了一个小组学习，学的是 PMI 课程。⊖这是我在多年前为学校直接教授思维技巧而设计的首个思维课程。学员需要在课堂上用 PMI 工具完成一组情境练习，这样他们就能掌握这个工具并且应用在新的情境里。教授思维技巧会遇到的一个主要难题是教会学员在各种情境中活用技巧，情境练习是解决上述难题的一种方法。

PMI（加分项、减分项、关注项）要求思考者先看事物的积极面（所有的优点），再看事物的消极面（所有的缺点），最后看所有值得关注的方面（任何值得一提的点，可能不好也不坏）。思考者必须遵守的原则是：一次只看一个方面。从三个方面对事物进行全面和彻底的搜索后，思考者将得到一张简明的地图，他最后看着这张地图做决定。

我在本书第 2 章 "表现正确" 小节提到过 "智力陷阱"，说的是人们在思考时有一种自然的倾向，倾向于依据个人喜好提出观点，逻辑思考**只被用来支持**自己的观点。使用 PMI 工具的目的，就是消除人们的这种自然倾向。

因此，PMI 工具迫使人们对事物进行全面和彻底的扫描，并绘制出简明的地图。

⊖ 这里提到的 PMI 工具和其他工具都是由培格曼出版公司（Pergamon Press）出版的版权教材里的工具。

于是，在接下来的谈判会议上，这位商人向与会人员解释了 PMI 工具，大家同意尝试看看。结果谈了几个月的问题用了大约 20 分钟就解决了。

这并不奇怪。在辩论模式中，一方总想着"反驳"另一方。而在使用 PMI 工具的过程中，双方都想绘制地图，双方都想努力画出一幅好地图，就像任何一位绘图师那样。地图一旦画出来，地图上每个细节所对应的想法就不能被撤销。接下来要做的是，基于需要、价值和目标，决定走哪条路。绘制地图是思考的第一阶段，看着地图做决定是思考的第二阶段。

还有一次，我遇到一位母亲，她决定从加利福尼亚州搬去亚利桑那州，她为此已经准备了两年多时间，也跟两个儿子争吵了两年多时间。她和两个儿子一起参加了 PMI 课程。回到家后，他们决定就搬家计划"走一遍 PMI"。半小时后，这位母亲决定再也不提搬去亚利桑那州的事了。

一家大型连锁超市的负责人决定在年度工资谈判中使用 PMI（以及其他一些工具）。他告诉我，谈判从来没有进行得这么快、这么简单过。

任何参加这类会议的人都能感受到，这种结构化探索模式与常见的辩论模式有很大的不同。这个结构化探索模式类似我在上一章提到的日本人的行事方式：双方共同尽最大努力去**探索和绘制地图**。

在悉尼一所学校的示范课上，我问 30 个男孩（年纪大约

10岁）：每上学一周拿五澳元，这个主意怎么样？所有男孩都认为这是个好主意，还说出了理由：有钱买糖果、买漫画，等等。然后，我简要地介绍了 PMI 工具，再让他们五个人一组，用 PMI 工具来讨论每上学一周拿五澳元这个主意。经过大约四分钟的讨论，他们就来向我汇报结果了。加分项和以前一样多，但是有一些减分项出现了（个子大的男孩可能把钱拿走，给老师的钱可能会变少，等等）。还出现了一些值得关注的考虑点（父母还会继续给零花钱吗）。做完这个简单的练习后，我再次提问：每上学一周拿五澳元，这个主意怎么样？这一次，30个男孩中有 29 个改变了想法，认为那不是个好主意。

这个故事的重点在于，一个简单的扫描工具让思考者逆转了自己的决定，走到了自己直觉的反方向。我想强调，正是这一点，跟辩论模式完全相反。我没有为参与者指出问题或困难，也没有要求他们为自己的选择做辩护。我只是让他们绘制一张地图，然后使用这张地图。

在学校教授思维技巧

PMI 课程只是 CoRT 系列课程的第一门课，CoRT 系列课程一共有 60 门课，旨在将思维作为一种技能，在学校里直接教授。CoRT 是认知研究基金会的缩写，这个基金会已经运作了 13 年多。CoRT 课程内容扎实、实用，教师不论教学能力高低都能教，各个年龄阶段和智力水平的青少年（以及成人）都能学。虽然课程的设计说到底非常简单，但是其中的方法和素材都紧贴人类感知思维的特质（我在前一章对此进行了描述），其中的工具也能应用到各种情境。

在学校，学习思维技巧的需求迅速上升，而我设计的CoRT系列课程是在全世界应用得最广泛的。在委内瑞拉，法律规定每个小学生每周要学习两小时思维技巧。在加拿大，学校开设思维技巧课程非常普遍。在美国，开设思维技巧课程的学校正在增加。英国、爱尔兰、澳大利亚和新西兰都有学校提供思维技巧课程。我已经在保加利亚、马来西亚和马耳他的学校开展课程试点项目，并受邀进一步推动这些项目。保加利亚学校的初步测试结果显示，学生的智力和其他被评估的品质有显著提升。加拿大、澳大利亚和美国的学校也得出同样的测试结果。

我做这些事情是出于兴趣。PMI和其他工具都不是什么新花样。多年来，它们被用于多种多样的情境（从加拿大名校到委内瑞拉东部丛林），经受了各形各色的考验。它们被证明是有效的。

分类思考

一般来说，我们总是试图同时思考太多的东西。我们变得混乱和困惑，最后只做成了一件事：在辩论的负面模式里相互攻击。

PMI是一个工具，C&S（后果和结局）是另一个工具。使用这些工具能确保我们一次只想一件事，并且把它想好。我们可以根据情境的需要选用工具。如果要做的是考虑一项行动的短期后果和长期后果，那么就选用 C&S 工具。

使用思维工具，最终是要得到什么结果呢？最终是要得到一张地图。

彩色打印

有一段时间，我很想用"马赛克思维"这个词来说明问题，因为最终，所有单独的部分结合在一起，形成一个整体。后来我觉得，彩色打印可能是一个更好的比喻。

彩色打印的时候，颜色被分解成四个原色，每个原色分别打印，通过原色的重叠呈现色彩饱满的图片，即使是鲁本斯作品的图片也能被高精度打印。彩色摄影的过程也是类似的。

使用 CoRT 思维工具思考，就跟彩色打印一样。每使用一个工具，就是涂上一种颜色，最后，所有的颜色交错在一起，形成完整的地图。

彩色打印这个分色处理、全色集成的过程，特别符合使用"六顶思考帽"的情形，我之后将说明"六顶思考帽"这套工具（我还为此写过一本书，见第 5 章"情绪"小节）。

木匠的工具

用木匠的工具做比喻，有时也很恰当。木匠知道什么时候用什么工具——锤子、凿子还是刨子，也掌握使用每一种工具的技巧。在制作一件特定的家具时，木匠会聪明地决定先用哪个工具后用哪个工具。这个过程与使用 CoRT 思维工具完全相同。

比较一下，情形一是提供大量的思维工具备选，情形二是限定思维必须用在证明别人错误上。哪个情形更有利于思维，能得出更好的地图，是显而易见的。

用绘制地图的方式思考，我们能看到优先级、目标、价值、其他人的观点、各种可能的结果和其他很多东西。

分两个阶段的思维模式

绘制地图的思维模式暗含两个阶段。

第一阶段：绘制地图。
第二阶段：使用地图。

在使用地图阶段可以使用 APC 工具（替代方案、可能性和选择），而不是自己想到一个做法，然后跟别人争论。思考者使用 APC 工具，把各种路径都找出来，绘制到地图上，最后看着地图做决定。

思考-2

多年前，我在写《实用思维》(*Practical Thinking*) 这本书（目前仍然可以买到）时创造了"思考-2"这个术语，不过后来没有再多提。我的目的是将上述探索式的绘图思维与更为常见的辩论（区分真伪）式思维做对比，我把后者定义为"思

考 -1"。

思考 -2 还对应上了绘图思维的两阶段过程：绘制地图和使用地图。整件事的关键在于，绘制地图是一个中立的过程，它非常不同于贯穿在辩论中的冲突型思维。

主观地图

但是，一个人真的会画出一张诚实的地图吗？他会把对自己不利的部分也画出来吗？我很怀疑小偷会把他的罪行摊出来。然而，少了对自己不利部分的地图才是诚实的地图，因为绘制地图的人总是主观的。所有的思考者都是从自己的观点出发绘制地图。

在一项 PMI 练习中，参与者被要求（从安全性和能见度的角度）给"把所有汽车都漆成黄色"这个主意打分。一个男孩在加分项里写下：这样汽车会被保养得更干净。另一个男孩在减分项里写下同样的话——这样会让他更频繁地清洗他父亲的车。当然，两个男孩写的东西都是正确的。

对不同的主观地图进行比较，可以清楚地看到它们之间的相似点和不同点。如果要绘制一幅共同的地图，那么有些项目就会既出现在加分项，也出现在减分项（尽管存在相互矛盾的问题）。

在绘制地图的阶段，不能因为要保留一个观点而摒弃另一个观点。这一点与矛盾原则相矛盾。两个相互排斥的观点可以同时存在，这正是地图的丰富性所在。

思考 -2 与解决冲突的思维

在这一章里,我一直在建议用绘制地图的思维模式来替代辩论和冲突的思维模式。我建议开展探索,而不是相互厮杀。

我能强烈地感到,绘图思维将在解决冲突方面发挥重要作用。我们为什么要局限在辩论模式中呢?

也许有人会说,激烈辩论的双方是不会分出精神去做什么绘图练习的。实际情况似乎并非如此。由于双方都认为自己的论证足够站得住脚,所以双方都会觉得绘制地图将凸显自己论证的正确性。辩论双方都执迷于冲突,而对解决冲突毫无兴趣,这样的极端情况会发生,但是通常只会持续短暂的时间。

不需要各方都同意就能运用绘图思维。一方可以自行有序地开展绘图练习——有时使用 PMI 工具,有时使用 APC 工具。另一方会被拉入练习,因为如果不参与,就得面对完全由对手绘制的地图。

第三方角色

在本书的后面,我将更详细地讨论第三方角色在解决冲突的思维中的作用(参见第 14 章)。出于很多原因,我认为第三方是一个必不可少的角色,而不仅仅是一个中间人。解决冲突的思维的本质决定了加入第三方思维角度的必要性,这就是"三角思维"的由来。没有第三方的参与,解决冲突的思维仍然是单一维度的,不可能有真正的设计元素。最好的效果也就是折中，远不及好的设计。

我将在后面（第 14 章）讨论这个重要的第三方角色。在这里，我之所以提到它，是因为第三方是一个理想的角色，他可以时不时地请双方做绘图练习。双方最糟糕的回应，要么是断然拒绝，要么是敷衍了事。这两种情况都明显不讨人喜欢，但是没关系，就像前文提到过的，如果一方画不出好地图，那么他就得接受别人——第三方代替他画地图。这样他就只剩下修改地图的权利，想要否认第三方画出来的地图是办不到的。这就像只是声称地理学家提供的地图不正确是没有意义的，除非能指出来哪里不正确，而指出错误的动作，就是自己开始画地图的动作。在现实中，地图就是这样被画出来的。

我心目中的第三方既不是中立的会议主席，也不是法官，他是积极参与思考和设计过程的人。

角色扮演

如果你扮演思考者的角色，你就会成为思考者。

这听起来有些离谱，但却是真的。如果你进入思考者的活动状态，你会发现自己在思考。这并不奇怪。如果你正儿八经地要做一个 PMI 练习，你很容易就能做完。随着时间的推移，做 PMI 练习会成为你的习惯，你也会成为你想成为的思考者。

我还想说明一下，为什么我给思维工具取的名字都很"人造"味，像 PMI、C&S、APC。原因很简单，我不认为靠靓丽的名字驱动人这招永久有效，所以我无意在名字上彰显它们的工具价值和它们在角色扮演活动中的作用。劝说人们平衡地看待事物，产生一时的效果很容易，产生长时间的效果很难。多年持续训练才有可能做到。但是思维工具可以在几分钟内学会，之后有需要就能使用。为了区分这些工具，能按需调用这些工具，给它们取名还是必要的。取名就是往大脑里放入描述性概念（类似"桌子、椅子、大餐"），我于是往大脑里放入"操作者角度的"描述性概念，这样就有了 PMI、C&S、APC 这些奇怪新颖的名字（术语）。

我们还发现，如果教师教授同样的内容，但是拒绝使用"术语"，效果就不尽如人意。学生们虽然也能完成这些练习，但是之后不会再记得，也不会向其他同学推荐，更不会应用到其他情境中去。

角色互换

这是一种不同类型的角色扮演。在冲突中，各方都只关心自己的观点。至于对方的观点，只看有没有漏洞，就像指挥官巡视敌方防御工事那样。然而，理解对方的观点却是解决冲突中最有用的一个步骤。

角色互换是解决冲突中的一个既定部分，即双方都把自己置于对方的位置。在 CoRT 地图绘制工具里，有三个工具有助于角色互换。

1. ADI（Agreement, Disagreement and Irrelevance）：

代表一致、分歧和不相关。双方一起绘制地图，标明双方在哪些地方意见一致，在哪些地方真正存在分歧，以及哪些地方被不断牵扯进来但是可以判定与冲突无关。通常双方一旦从辩论模式切换到绘图模式，就会发现存在分歧的地方出奇得少。

2. EBS（Examine Both Sides）：代表对双方都做检查。通过传统的角色互换，每一方都必须诚实而全面地检查和描述另一方的状况。

3. OPV（Other People's Views）：代表其他人的观点。这是一个用途更广泛的工具。一个冲突情境通常涉及冲突双方以外的更多相关方。在 OPV 练习里，先要确定其他相关方，然后描述从其他相关方的视角会看到什么。OPV 不如 EBS 详细，但是覆盖范围更广，因为它包括不参与争端但可能受其影响的其他相关方。

使用绘图工具

在本章里，我的目的是说明思考 -2 或绘图思维，用它来替代辩论。在前一章抨击了辩论模式之后，我有义务提出一个替代模式。我简要介绍了绘图方法和 CoRT 思维工具（要掌握绘图思维，需要开展正式的课程学习和技能训练，相关的资料都很齐全）。我在本章中只是指出了绘图思维是如何发挥作用的——以便与辩论做对比。本书是关于解决冲突的思维的，辩论只是冲突型思维的一个方面，但是它典型地说明了冲突型思维的贫乏——把一切打翻在地，以至于全无是处。

地图的目的

一个13岁的女孩正独自做PMI练习（通常是以小组讨论的形式）。这是她在完成练习后说的话：

> 起初，我认为这个练习相当愚蠢，因为我非常清楚我对这个问题的看法，我不需要PMI来告诉我。然后我开始在P下面写，接着在M下面写，最后在I下面写。等我都写完了，我惊讶地发现我的看法完全变了，被我自己写下来的东西改变了。

这个事例非常清楚地解释了，探索的目的是要产生"洞察"这句话是什么含义。由于对**自己的想法**有了更加清晰的认识（洞察），这位思考者在没有任何外界帮助的情况下得出了不同的结论。这个事例也说明了思考工具的作用：支持思考者自行探索——利用极其简单的思维工具扫描自己的想法，提升对自己想法的洞察。

04

对抗、谈判、解决问题还是设计

分清应对冲突的思维模式是非常重要的。我们该采取什么模式来应对冲突？是对抗、谈判、解决问题，还是设计？

我能接受：在一些时候，由于情况非常特殊，人们只可能采取四种模式中的一种。可能的确只需要解决一个具体问题，例如湖泊污染。也可能只需要进行一场谈判，例如制定工资标准时如何平衡多个因素。但是，我想把这些非常具体的个例放到一边，以便从更宽广的角度来看待冲突下的思维模式。

排除刚才提到的那些个例情况，人们在对待冲突时，会依据个人偏好在四种模式里**做选择**。

我们可以选择以对抗模式应对所有冲突。对抗，既指冲突本身（可能真的打起来了），也指为解决冲突而产生的思考，我在这里要谈的是后者。如果一次冲突就是一次对抗，那么关于这次冲突的思考也必须是一次对抗吗？答案是：必须是。这个答案很明显也很自然，但是却找不出好的理由来说明为什么必须是这样（除了我们稍后将会讨论到的连续性）。

"对抗"模式包含了所有跟战斗相关的术语，比如战术和战略，进攻、防守和撤退，得手和失守。"对抗"模式还包含法庭上的惯用语，比如暴露弱点。在法庭上，分出胜负才是目的，正义反而是副产品。

"对抗"模式一直是常用的冲突应对模式，这可能因为冲突双方总是会陷入对抗情绪。无论喜欢与否，他们都会始终处于对抗情绪之中。我怀疑这是因为我们太过欣赏辩论和太多使用辩论了。这里面包含一个自证预言：我们的思想和语言激起一种情绪，这种情绪又反过来助长我们的思想和语言。我们期待一个"对抗"的场面，于是我们将自己置于敌对的状态。有时，领导人和谈判代表觉得，他们有责任反映那些必须在前线作战的人的情绪。当前线部队在恶劣的条件下冒着生命危险作战时，谈判人员却在开着空调的会议室里（还有食物和饮料）友好地交谈，谈判人员的行为就显得有些失当了。

然而我们还是要问这样一个问题："对抗"模式是解决冲突的最好方式吗？我自己的答案是：肯定不是。我找不出任何说得过去的理由能说明它会产生创造性的结果。所以我们现在应该承认，**"对抗"模式从来都不是好的选择**。

只是因为发生冲突了，我们就任由冲突占据我们对冲突的思考，这没有道理。

谈判

对抗的情绪是正确的情绪吗？我不太确定。谈判意味着妥协，意味着在两个立场之间找一个位置。1984年德国金属制造行业工人罢工，工会希望把每周工作时间从40个小时减少到35个小时。这场罢工持续了很长时间，代价巨大，最终双方妥协，每周工作38.5个小时。在这场谈判中，35和40这两个数字是两道边界，谈判不可以出离这两道边界。谈判通常都得在划定的边界里进行。

划定边界是谈判模式的弱点。从思维角度看，我们把自己限制在已经存在的事物上。我对此是反对的，就像我反对辩论模式一样。在辩论模式里，我们花时间攻击现有的想法，而不是设计新的想法。在谈判模式里，我们在现有的边界内工作，而不是设计新的边界。

谈判者这个角色也有弱点。他被认为是交战双方的卑下仆人。他不得不来回奔波，传递双方不愿意直接沟通的信息。他必须设法让双方都高兴。他就像是润滑剂。在后面的章节里，我将说明我对这个角色认可的地方，并解释我为什么认为其本身存在缺陷（见第10章"两指打字"小节、第14章"接受第三方"小节）。

谈判模式比对抗模式好，因为它至少不是以冲突的方式对待冲突。然而，谈判存在**绥靖**的危险。谈判涉及价值交易，价值交易没有什么错，但是在一场精心准备的谈判里，谈判者会提出一大堆旁枝末节的需求，作为交易筹码漫天要价。

与对抗相比，讨价还价终归是一种进步，但我还是会把谈判作为最后的手段。我认为谈判不如解决问题和设计。

谈判通常是律师的工作，是他们辩论工作的延伸。两者的隐含模式是相同的：让我们玩转现有的东西，而不是设计一些新的东西。

一个客户要订购一件雕塑，放置在公司费城总部的前院（费城有一项明智的规定：任何新落成的建筑里都必须陈设一件艺术品，购买艺术品的费用包含在建筑造价里）。雕塑家给出了两个选择。

"你喜欢哪一个？"

"两个都不太喜欢。"

"只有这两个选择。开业定在5月5日，都定好了。雕塑必须在5月5日前就位，不能出差错，否则想想看你会损失多少钱吧。再说了，我们公司能发展到今天就是靠按时交付——保证你能按时开业。"

"我还是不喜欢。"

"我们来谈谈，你不喜欢哪个部分呢，也许我们能让你喜欢起来。先说那个棱角分明的雕塑，那类造型现在很流行，但是不会持久。它很上照，拍一张照片放在你们公司的新年报里一定很酷，但过不了几个月，它就会看起来像一堆垃圾。再来看看这个曲线柔和的雕塑，这类造型才会持久。"

"但是我觉得它冷冰冰的。"

"那就换到理性的角度来看嘛。首先，价格很不错；其次，我也有一定的名气。相信我。毕竟，谁最了解呢，是我还是你？"

"也许可以把价格降低一点，我就暂时先用起来，过几年再换。"

"这个我们可以谈。不过，你会发现所有人都觉得没必要换。"

"我很喜欢这个雕塑上面的曲线部分。但我更喜欢那个雕塑的灰铜色，它看起来很有力量，我们想要一个有力量的造型。不过，刚才说到的曲线部分能象征风险和进取。"

"这样吧，我给你做这个有曲线部分的雕塑，但是漆上你喜欢的灰铜色。"

"你能那样做吗？"

"能，虽然不够完美，但是世界也不完美嘛。能行得通。能按时就位。"

"那么，我们来谈谈价格……"

我知道举这个案例对案中人有些不公平，但是它确实呈现了谈判所带有的妥协味道，这个妥协味道是不能令人满意的。

所以，可以简单直白地说，谈判模式也不是应对冲突的好模式。

解决问题

你想做些事情？那就给你一个问题，你去解决问题吧！

"解决问题"是一个常用的模式，在商界、政府机构、学术界和个人生活中都被广泛运用。市面上有各种各样的图书教你如何利用解决问题的技巧应对日常竞争和实现个人成就。

然而，我却还是不喜欢"解决问题"这个模式。

医生出诊给一位女士看病，她看起来不太好，胸部疼痛，呼吸急促。医生要解决的第一个"问题"是：诊断病人哪里出毛病了。医生给病人做了初步身体检查，怀疑是肺炎。这位女士被紧急安排照了X光，结果证实是肺炎。下一个要解决的问题是：识别肺炎是哪种病菌感染的。这里又要解决一个更实际的问题：识别病菌需要时间，而病人病得很重。于是医生一边给病人服下广谱抗生素，一边去做病菌化验。

在这里我们能看到一系列的问题及其解决方案。其中最大的问题是病菌感染导致肺炎。如果我们能去除这个"因"，就能治愈疾病，使病人恢复健康。这个例子代表一类很常见的问题：有东西出错了，能纠正过来吗？

这类问题被称为"偏离"问题：情况偏离了常规，需要被纠正。健康是符合常规的，疾病是一种偏离，治愈疾病就是一种纠正。解决问题的模式非常直接：找出原因，然后去除它。解决问题的模式在制药行业一直以来都应用得非常成功。结核病曾经是"人类头号杀手"，现在在发达国家却不值一提，因为对抗（并去除）感染源的药物已经找到。

解决问题的模式包含分析问题、找出原因和纠正偏离，这个模式很简单也很有吸引力，因为它有道理，并且是行动导向的。不幸的是，它仍然不够充分。由于人们不清楚这一点，只以为它已经很充分了就推崇备至，结果错失了提升的机会。这种危险就跟辩论模式的危险一样。

为什么解决问题的模式仍然不够充分呢？原因有很多。在一个复杂的、多重因素相互影响的情境里，我们难以把一个原因彻底分解出来，因为各种因素互为因果。这就是为什么制药行业的发展突然放缓。简单的病症靠去除病因的手段都攻克了，剩下的像高血压、心脏病和癌症这样的病症起病原因都复杂得多，药物的开发难度也就大很多。

用解决问题的模式应对冲突，跟制药有一样的危险：把注意力集中在某一特定的、容易被识别的原因上而忽视了其余的部分，并把一切都押在去除该原因上。复杂的系统不是那样简单地运作的——尽管我们想要让一切感觉简单有序。

我们可能永远找不到一个原因。或者，我们可能永远无法证明某个特定的原因确实是罪魁祸首。在制药上，我们还可以做一些实验；在面对冲突时，我们必须在很大程度上依靠经验和推测。

再有，假设我们找出了原因，但却无法去除它，我们该怎么办呢？是不是就两手一摊，称其为一个无法解决的问题呢（就像我们说一个冲突无法化解那样）？

解决问题的模式还包含着一个观点，认为一旦原因被去除，问题得到解决，一切就会恢复正常，就像杀死引起肺炎的肺炎球菌，病人就痊愈了。我们常常由此认为，如果独裁者被罢免，民主就会涌现——因为导致问题的原因被去除了。

我们需要注意的是，由于原因已经在起作用，它产生的影响和引发的调整可能已经非常广泛，因此仅仅靠去除原因不足以解决问题。

因此，解决问题的模式存在严重的局限，只关注识别原因和去除原因，这样做过于简单化。

还需要小心的是，在解决问题的模式里，我们总是知道我们想在哪里结束。解决偏差型问题时，我们知道现状是什么，标准在哪里，我们通过纠正偏差让情况恢复正常。把这个模式搬到冲突情境里就意味着，只要能摆脱冲突，一切就能回到从前的样子。但是情况通常并非如此，就像我在前面提到的。

现在我们再来看一类问题：我们清楚地知道要去哪里，但还得找到路径。我们在医生和肺炎患者身上多次遇到过这样的情况：需要做诊断，需要做检查确诊，需要立即介入治疗，还需要识别病源。我们既清楚问题要解决成什么样子，又有行动计划。有行动计划，才清楚要怎么做；没有行动计划，只知道问题要解决成什么样子，那还是不清楚要怎么做。由此，产生行动计划成为解决问题模式的切入点。

正如去除原因的做法那样，发现路径的做法也可以应用于解决冲突。我们所要做的就是确定我们想要到达的目的地，然后设计出到达目的地的最佳路径。我想要在周五抵达纽约：我该怎么做？我想要阻止对油轮的导弹袭击：我该怎么做？

我们讨论到了有关解决问题模式的一个非常重要的点，它就是：我们对目的地的定义需要精确到什么程度？

"我想要在这周五晚上九点以前到达纽约",这是一个精确的要求。

"我想出去旅行",这是一个非常宽泛和模糊的要求。

如果我们允许这个定义非常宽泛和模糊,那么讨论一个问题就没有意义了。我们不妨谈论一个欲求、意图或者愿望。所以,除非我们要玩文字游戏,否则只有在我们对想要到达的目的地有相当精确的定义的情况下,我们才应该应用"解决问题"这个模式。在实践中,这非常重要,因为非常宽泛的问题定义实际上是一个"设计愿望"。解决问题和设计所需的思维不是同一类型的。允许问题定义过于宽泛的危险在于,我们在本该使用设计技术的时候,却使用了解决问题技术。

解决问题模式在应对冲突的做法中当然占有一席之地。但是它的主要限制是,我们可能在对一个问题真正进行思考之前,就对这个问题的解决方案应该是什么形成了过于确定的观点。一旦我们说"这就是问题所在",我们就定义了我们所期望的解决方案。至于去除原因这个做法的局限,我在前面已经评论过了。

设计

到本书最后,大家会看到我对设计模式的偏爱不是什么秘密。我将一遍又一遍地提到它,把它作为应对冲突的基本思维方式。

在设计模式里,我们一起着手设计。我们要有一个输出,我们要有一些成果。

这不仅仅是一个解决问题或达成妥协的过程。这是一个产生以前没有的事物的过程。

在设计模式里，人们会有目的感和契合感。大家一起把事物拼起来，拼出一个形状，以实现某种目的——可以是一艘船、一所房子，或者是婴儿穿的鞋子。

辩论、谈判和问题分析总是聚焦于已经存在的东西，而设计总是着眼于可能创建的内容。

设计更偏向自组织的感性思维，而不是分析性思维，分析性思维注重事实和参照。

在设计过程中可能会出现创意激荡、一开始跑错路、概念跳跃、非均匀发展等现象。这与按部就班、每一步都正确无误的记账模式大不相同。

我们需要通过思考为冲突**设计一条出路**。我甚至不喜欢说设计"解决方案"，因为这么说意味着存在一个问题。

> 冲突是一类需要设计工作的情形。

即使我们找不到原因，或者在找到原因后无法消除它，我们仍然可以尝试设计一条出路。

我的意思是，我们真的应该放弃"冲突"这个词。这样，我们就不必再因为冲突因素把解决冲突的思维视作非常特殊的东西，我们可以说："这就是一个需要应用设计思维设计出路的情形。"然后，冲突因素作为关键设计要素之一出现。

设计模式的优点是,我们不会再陷入误区,认为必须以冲突的方式来思考冲突。在谈判模式里,谈判双方总是以对立的关系出现(交易、讨价还价、给予和索取)。当我们转向设计模式时,所有这些都消失了。

那么,"冲突"的特征出现在设计模式的哪些阶段呢?在两个阶段出现:首先出现在信息**环境**阶段,冲突因素作为设计要素被明示,这是设计工作中非常重要的一环;其次出现在方案契合阶段,设计的全部目的就是契合——契合目的、契合客户。

做设计需要做因素输入,上一章所描述的绘图思维正是在做这项工作。做因素输入必须得有适当的环境,在其中可以没有负担地输入信息(和情感),这样才能形成设计。从辩论中不可能产生因素输入,只是"围观"也不可能。围观也许对艺术家有作用,他们可以用一生的时间来创作。但在命题设计的场景里,必须有一个方式做输入,它就是设计摘要。

现在我们来谈谈"契合"问题。

当本·莱克星森(Ben Lexcen)受命为澳大利亚游艇俱乐部(他们后来从纽约游艇俱乐部手中夺走了美洲冠军)设计新型游艇时,他得要满足三个维度上的契合要求。首先是性能上的契合。新型游艇得符合通用船只规定(压力、适航性等)和竞赛船只规定。这只是底线,就像建筑师设计的房子必须是坚固和安全的。其次是特殊要求上的契合。新型游艇航行起来必须比任何其他游艇都快。这类设计目的非常值得欣赏,可惜与解决冲突格格不入,人们在解决冲突的时候只看性能是否可靠。最后是与客户的契合。本·莱克星森得要知道,艾伦·邦德(Alan Bond)足够大胆和标新立异,敢于冒险尝鲜,然后享受被人们封神的快感。

广告宣传活动的设计者必须在一系列维度上做到"契合":必须卖出商品,必须契合客户公司的形象,必须契合广告公司的形象,必须契合预算,必须契合竞争情势。

设计就是要契合。

显然,"契合"对解决冲突非常重要,因为设计的出路必须为冲突双方和其他相关方所接受。实际上,**只有"契合"能够取代胜/败**(在胜/败模式下,没有人考虑契合)。

毫无疑问,创造性在设计模式中起着非常重要的作用。但在设计模式里,创造是谨慎的,是在概念上的创新,不是天女散花,不是为了标新立异而标新立异。有很多垃圾被冠以创造的名头,但它们不过是在搞怪。我将在本书后面的部分(第13章)讨论创造力。

设计模式的重点在于对结果保持开放。我们着手去做一件事情,在开始时并不确切地知道结果会是什么样子,尽管我们有一种强烈的目的感。登山者还能指着山顶说那是自己的目标,舞蹈者就不容易说了,他的内在能量可以外化出各种舞步。

我们再来想想建筑设计师、船舶设计师、汽车设计师、纺织品设计师和服装设计师。他们做设计的过程,几乎就是在设计概念。我认为我自己也是这类人,一生都是一个概念设计师。

总结

我认为在应对冲突时必须从最佳的思维模式入手。我们必须从设计模式开始，因为它能提供最多的可能性。其次是解决问题模式。然后是谈判模式，我们总是可以把它作为一条退路（谈判模式的创造力不足，适合放在后面，不适合放在前面）。如果所有的模式都不能奏效，那么我们再回到对抗模式。但是，这样进入对抗模式，跟从一开始就进入对抗模式并且一直只待在对抗模式里，是非常不同的。后者是我们目前应对冲突的主要方式，因为我们被辩证法里的部分无稽之谈洗脑了。

我提出这个顺序，并不是要让习惯于辩论或者谈判的双方突然之间转向设计模式，迸发出设计天赋（尽管在恰当的会谈框架下，他们也许会这样做）。要实现中途转向，我又要提到三角形思维和第三方角色。我所提的第三方角色必须是设计师，不能是两边传消息的中间人。

第二部分

为什么人们各执己见

Conflicts
A Better Way to Resolve Them

05

因为他们视角不同

冲突意味着两个人处于同一个情境。这个情境不一定能包含他们的所有活动，但是肯定包含他们的"冲突"活动。两个在相邻房间里打太极拳的男孩肯定不是在打架。

冲突各方可能确实处于同一个情境，但是对于冲突各方来说，这个情境又是不一样的。一个小孩被汽车撞倒了，这是当时的情境。但是孩子的母亲、汽车司机、目击者，还有警察，看到的情境是不一样的。

人们可能不得不在同一个情境里互动，但是他们对情境却有迥异的看法。由此，冲突产生了。

在我早期写的一本书《实用思维》里，我开玩笑地提出了我所谓的"德博诺第一定律"：

"每个人都永远正确，但又没有一个人永远正确。"

这意味着一个人在自己的认知里可能是正确的，但在更广泛的认知里就不一定正确了，而在全然的认知里可能永远都不会正确。

有很多原因可以解释为什么人们对同一个情境会有不同的看法。把不同的看法都呈现出来，这一点很重要，因为理解差异是解决冲突的核心。

情绪

在前面的章节里，我提到了大脑化学环境的变化可能导致我们感知事物的方式产生差异（见第 1 章"理解感知系统的意义"小节）。如果我们处于某种情绪之中，我们可能只能以某种方式看待事物。

有这样一个古老的故事：乐观主义者为杯子里还有一半威士忌而快乐，悲观主义者为杯子里只剩一半威士忌而悲伤。这个故事很有趣，因为我们可以看到相互冲突的两个观点其实是对等的。很多冲突几乎跟这个故事一样琐碎，但是却没有办法呈现双方看待冲突的对等观点。这里是需要设计模式发挥作用的地方，这个故事就是一个例子。

我们能对情绪做些什么呢？我们可以记录情绪以及它对现有思维的影响。我们可以通过换环境和换人来有意识地改变情绪。我们还可以通过服用传统的药物来改变情绪，但是不应直接服用化学制剂。

我们能对情绪做的还有通过刻意的角色扮演来改变情绪。在这项活动中，人们会进入被有意安排的角色，按照角色设定行动，他们的情绪会随之变化来配合他们的行为。在我的一本书里，我提出了"六顶思考帽"的概念。思考者象征性地戴上其中一顶帽子，然后扮演这顶帽子规定的角色。

白帽：中性的陈述——不带评论的信息、事实和数字。
黑帽：消极的逻辑——为什么行不通？为什么做不到？为什么不符合经验模式？
黄帽：积极的推理——为什么可能起作用？有哪些可以期望？可能产生什么效益？
红帽：纯粹的情感——当下感受的直白表达，不需要任何解释或辩护。
绿帽：创新——丰富的想象、活跃的思想、创意、新的想法、激发思考的提议。
蓝帽：总控——控制其他帽子的使用，组织思考的过程。

每顶思考帽携带一种情绪，虽然这些情绪都是人为设定的，但是它们就像日本歌舞伎剧中的面具一样，戴上面具就会真切地进入设定的情绪。

我不打算在这里讨论情绪对思维的所有可能影响，以及由此产生的实际问题。例如，你在心情好的时候给出的条件，让你在头脑清醒后反悔了，这让你自己很为难。

有时会有这样一种观点，认为调动情绪能在某种程度上操控一个人（比如让某人沉湎于某种情绪而丧失能力）。这个观点当然跟本书的观点相反。任何从敌对和怀疑情绪中的脱离，哪怕再短暂，也是对建设性思考的真正贡献，解决冲突需要建设性思考。

背景

这是一个相当宽泛的词，包含了一个冲突情境下的所有背景因素。例如，去过阿根廷的人都知道，阿根廷国内对马尔维纳斯群岛（福克兰群岛㈠）的关注度非常高。报纸上时不时就会刊登一篇关于该岛的文章。而英国国内（在战前）对该岛的报道完全是另一种情形。

在苏联㈡，人们对第二次世界大战有着极其深刻的记忆，一直到现在还都是这样：人们还记得有2000万人被杀害，人们还记得战争英雄和退伍军人，人们还在纪念日举行纪念仪式。苏联媒体还一直在关注西方发起战争袭击的可能性。西方对第二次世界大战的记忆就大相径庭了。

各方在同一个情境下各执己见，这在历史上有很多鲜活的例子。北爱尔兰就是一个经典案例。如果英格兰的矿工们没有成功地扳倒希思政府，他们还会如此努力地试图扳倒撒切尔㈢政府吗？

㈠ 福克兰群岛是英国对马尔维纳斯群岛的称呼，其后作者用的均为福克兰群岛这一名称，且含着英国人的立场。本书强调，2017年5月17日，中方重申支持阿根廷在马尔维纳斯群岛问题上的主权要求，以及根据联合国相关决议，通过重启对话谈判，寻求和平解决争端的立场。

㈡ 本书英文版出版时间早于苏联解体时间，余同。

㈢ 本书多次提到撒切尔，因本书英文版出版于1991年。

经历过20世纪30年代大萧条的劳工党领袖们，在看待失业问题时，他们的思考背景可能不同于年轻人。

我们最好定期问自己这样两个问题：这里的背景是什么？这个背景对各方来说有什么不同？一家大公司的新任广告经理在对各家广告公司做评价时，他的思考背景必定不同于几天前他的前任。近代史跟古代史和文化史一样重要。

有限的视野

这是短视加狭隘造成的。一个人就是看不到一定距离以外的东西。一个有更大视野的人总是很难认识到"有限的视野"是活生生的存在，而不是要不要选择的问题。生活在欧洲的一个村民，对自家兄弟收购美国一家大公司的反应，可能还比不上他对朋友收购村里小卖店的反应。这并不是因为村里的小卖店离得近，而是因为他对大公司根本没有概念。

同一个三角形，只看到它的一小部分的人会说这是一条直线，看到多一点部分的人会说这是一个角，全都看到的人才会说这是一个三角形。当这三个人相互比较各自看到的东西时，他们不会相信他们看到的是同一个三角形。

"相信我，当我告诉你，如果你能看到更多的东西，你就会看到更多的东西。"这么说是没有用的。如果一个人的视角有限，他的感知就不会是开放的。他的感知只会被牢牢地束缚在有限的视角里，在其中打转，而不会自发地向外扩展。他不会感觉到自己好似身陷高墙之内，因而按捺不住要翻上墙向外看。

他只会背靠墙站着看墙里的东西：他既意识不到墙的存在，也意识不到要往墙外看。

任何事物要显出意义，都得有足以看得出意义的视角。

局部逻辑

乍一看，这个概念似乎跟"视角狭隘"很类似，但其实是不同的，而且是在很重要的方面存在不同。一个以局部逻辑思考的人，他的视角可能实际上非常宽广。然而他却会采取某项狭隘的行动，原因是这项行动对某个局部有意义。换句话说，在他的行动或选择背后，起作用的是他的"局部逻辑"。注意，这里的重点是"逻辑"，而不是"视角"。

通常，这种在局部上符合逻辑的行为，站在整体上看，根本不符合逻辑。

一对夫妇的游艇沉没，他们搁浅在太平洋的一个小岛上。这个岛上只有一处淡水。妻子是地质学家，她怀疑水里含有大量的铅。丈夫是医生，他知道时间一长，累积在人体里的铅会导致严重的铅中毒，最后发展到精神错乱。从局部逻辑看，必须喝水才能生存。从长远来看，水是有毒的。这对夫妇选择喝水，希望日后再解决这样做带给他们的灾难。几乎所有的人在面临类似的情境时，都会被局部逻辑左右。

报社罢工的影响很严重，因为报社在销售收入和广告收入上的损失是补不回来的，还因为报纸的发行量会有下跌风险。于是得出类似的局部逻辑：在人员编制和工资待遇上让步，希望日后能通过调高广告费率恢复财务平衡。

我们需要一个词来表达"对局部很有益,但对整体有害"的意思。我们在时间维度上有这样的词,比如"短期(收益)"。我们还需要一个词来描述这样的情形:既可以说好,也可以说不好,就看依照的是局部逻辑还是整体逻辑。

个人逻辑空间

当我们不同意某人在做的事情时,我们有两个基本选择。我们可以认为那个人是愚蠢的/恶毒的,也可以认为那个人是非常聪明的,他受制于一个逻辑空间,那个逻辑空间里的状况和他的感知决定了他的行为。换句话说,这个人在其身处的逻辑空间里以非常明智的方式做事。对于一个公务员来说,创新是不合逻辑的行为,因为创新的风险远远大于可能的回报。对于一个矿工来说,公开反对同事们罢工是不合适的,因为这对于他的家庭和日后的生活弊大于利。

如果你触摸到一个人的皮肤,你就触摸到了这个人,这个人的皮肤包含着这个人的本体。想象一下,你的手收回来一些,停在这个人皮肤之上几英寸⊖的地方,这时你触摸到的是这个人本体的外层。再想象一下你的手又收回来一些,你触摸到这个人的本体更外面的一层。最后,想象这个人置身于一个小空间里,这个小空间也是他本体的组成部分。我用上述类比解释个

⊖ 1 英寸 = 2.54 厘米。

人逻辑空间这个概念，但是个人逻辑空间不是一个物理空间，而是一个包含一系列状况和条件的环境。

局部逻辑和个人逻辑空间有相当多的重叠，有些时候它们甚至会完全重叠。个人逻辑空间是个人的，总是指向特定的个体。局部逻辑是相对的。美国联邦储备委员会（美联储）可能会发出加息信号，以保护美国的货币供给和遏制通胀。尽管美国的经济体量足够大，但是美联储的逻辑仍然是一种"局部逻辑"，因为受加息影响的还有世界其他地区的经济体以及背负美元债务的拉丁美洲国家。

为什么要这样做呢？答案可能在局部逻辑里。

为什么他现在这样做呢？答案可能在那个人的个人逻辑空间里。

我第一次使用"个人逻辑空间"这个词，是在我写的《乐观的未来》(Future Positive)一书中。

世界的差异

我在前面的章节提到过世界的差异（见第1章"感知的本质"小节），我指出了"主动"处理信息的感知世界不同于"被动"处理信息的逻辑世界。我还讲了三个人和三块木头的故事（见第1章"感知的本质"小节）。

世界的差异所产生的影响是重大和深刻的。所有科学上的重大飞跃，都是源自科学家对世界运行方式的理解发生了转变（托马斯·库恩（Thomas Kuhn）称之为"范式转变"）。

跨世界的交流，甚至比跨语言的交流更糟糕。如果你跟一个听不懂英语的日本人说英语，那么你们之间没有交流——不过你们都会意识到没有交流。换到跨世界的情况，说话的人在一个世界，听话的人在另一个世界，彼此可能根本没有理解，但是听话的人却相信自己是理解的。这种情况非常令人沮丧。宇航员很难向不了解太空飞行的人解释失重状态，尽管可以使用"飘浮"这类大家都有些经验的词语。我和一些传统的哲学家交谈时，也会在一些时候有同样的感受。

经济的世界不同于政治的世界，技术的世界不同于民族国家的世界。我们需要在不同的世界间转换，才能解决冲突。但是我们还未能做到这样的转换，上述四个世界是部分例子。每个世界都包含着一组条件和一组行为法则，这个世界里的所有事物都依此运行——世界决定其"自然"法则。就像我们所看到的，在水下世界，木头向上浮，在地球表面，木头向下落。

跨文化沟通和跨意识形态沟通，也需要类似的世界转换。我说的文化，不仅仅指礼貌上的小动作，比如在某些文化里（喝酒时）脚底不能朝向同伴。我说的是存在基本文化差异的情形。例如，西方人很难理解日本文化的集体主义取向，日本文化不是个体主义取向的（一个人在任何时候都要融入他所在的群体，遵守群体的规范）。

要理解一个不同的世界，最重要的是把这个世界看作是独立的和完整的，然后去理解这个世界自己的逻辑，理解这个世界里的事物是如何围绕这个逻辑运转的，这样才可能融入这个世界并在其中运作。在分析两个世界的差异时，把每个差异点都拿出来做比较，然后试图记住所有的差异点，这样做只会让人困惑。应该做的是，对两个世界的基本面做比较，指出其中的差异。围绕基本面做分析，才能理解一个不同的世界。例如，日本文化的集体主义取向就是一个基本面。

工会主席与公司高管身处不同的世界。公司高管为了获得事业成就，会积极推进工作，并愿意承受指责；他需要备受瞩目才能继续晋级。工会主席宁可放弃荣誉，也不愿意冒被指责的风险，因为他的前途取决于团队对他的态度，取决于他是否被团队接纳。

从理论上讲，不同世界间的差异要比不同系统间的差异深刻得多。毕竟，一个世界可能包含几个系统。在实践中，有一个变化幅度，从幅度较大的世界差异到幅度较小的系统差异。

为了理解人们在冲突中的行为、价值观，以及接下来会发生什么，我们必须理解冲突各方所处的世界，理解各种行为是因何而产生的。

信息

你知道坐在你对面的外交部部长这个月底就要被撤换了，在座的其他人还不知道，你在谈判桌上的地位显然就与其他人不同了。

罗斯柴尔德家族赶在所有人之前，(用信鸽)把滑铁卢战役的结果传递出来，这让他们的朋友赚得盆满钵满。

在拍卖会上，两个人看中同一幅画，于是同场竞价。一个人只是喜欢这幅画，另一个人是因为有个艺术家朋友告诉他这幅画将来会很值钱。

我们很容易找到这样的例子：两个人看起来身处同一个情境，却各自掌握不同的信息。这样就不能说他们是身处同一个情境。

对于信息，我们可以去探究：它是否真实可靠；它是事实还是推测；它是迟早会被所有人知道，还是永远不会被所有人知道。在本书后面的章节，我们将会探讨在解决冲突时如何处理保密问题(见第10章"保密、猜疑和不信任"小节)。冲突各方是应该共享信息以使各方对所处情境的理解更加一致，还是应该保守秘密以为己方争取最大利益？

如果你知道他知道你知道他知道你不能说出你所知道的东西，那会发生什么？这里反映的是外交中的经典现象。这样的外交是创造了价值，还是造成了不必要的复杂？

你刚同意卖掉一处房子，突然得知房子附近要建一个机场，你是会把这个消息告诉房子的买主，还是认为应该由他自己去发现呢？此时，不完全公开信息显然能带给你优势。同理，在外交上不完全公开信息，能给本国增加优势。

但是，如果你需要再卖一次房子，并且卖给同一个买主，那会发生什么情况呢？他还会信任你吗？也许你上次卖房时的

"局部逻辑"会让你在这次卖房时自食苦果。

掌握信息的差异，是造成感知差异的主要原因之一。由于这类差异属于技术上最容易消除的类型，我们更需要做的是严肃地考虑保密问题。显然，我们需要遵守保密制度，但这不是问题的关键。问题的关键是，冲突各方是应该尽可能多地共享信息，还是应该尽可能少地共享信息。

很可能的情况是，提倡用绘图和设计思维解决冲突的人必然倾向于开诚布公，而偏爱用辩论和对抗思维解决冲突的人必然倾向于保守秘密。

然而，如果没有什么值得保密，却仍然要保密，那就只会导致不信任，而不会带来任何好处——除了虚张声势之外。

部分画面

电视摄制组的工作是拍摄现场画面传递给观众，为了吸引观众，他们会故意挑选那些博人眼球的镜头，而不顾那些镜头是否会歪曲事实——电视摄制组的名声也因此变坏。在秩序井然的人群中，有两个人打起来了，一个人的额头被扔过来的石块击中流血了。然而，从电视画面上看，满屏都是鲜血淋漓的，仿佛现场充满了血腥。电视摄制组追求的就是博人眼球，一个血淋淋的脑袋肯定比 99 个没流血的脑袋更吸引人们的视线。

两位经济学家正在争论某个国家是否属于世界上税收较高的国家。一位说属于，另一位说不属于。原来，由于消费税很低,该国的总税收占国民生产总值的比例很低。但是,由于个人所得税的税率是陡峭上升的,高收入阶层的税负确实很重。所以这两位经济学家都对,答案取决于你在看什么。

冲突双方可能都看到了整个画面,但是却都选择强调某部分画面的重要性。在讨论工资待遇的时候,人们往往会强调:工资已经在绝对低点了;工资涨幅赶不上生活成本涨幅;其他人在享受更高的待遇;工作条件不平等;公司有过承诺——如果能够从公司之前的表态里引申出来这样的意思。

故意选择部分画面,是导致人们在冲突中擦枪走火的主要原因。

众所周知,裁军谈判的重点总是一变再变。是销毁弹头,还是销毁导弹?是考虑导弹部署的地点,还是考虑点火控制装置在谁手上?其他导弹应该计算在内吗?导弹的精准度要考虑吗?导弹的制造年份要考虑吗?

奇怪的是,我们不但无视这种有意的局部选择,而且会很容易地接受那些装点局部画面的虚假论点。我们难道不期望改善这样的情况,让事情变得更有价值吗?似乎每一个攻击都是有意设置的,而我们却被迫回应。我们能不回应吗?

"是的,确实如此。但从长远来看,这只是一件小事。"

这样的批评大概率会受到欢迎,部分因为政治程序的需要,部分因为社会良知要推动社会进步。

"如果有一个家庭在挨饿,这个'一'就是很多了。"

要消除人们的无知很容易,把信息提供给他们就行了。要改变人们的选择重点却很难，因为每个选择背后都有某种目的。人们看待事物的方式不同，是因为他们选择这样做。这不同于他们别无选择的情况。

经验

经验是个人拥有的信息，经验上的差异同样会导致看法上的差异。有经验的老手不会对最后通牒反应过度，新手却很可能会这样。熟悉对手的谈判老手能接受一定程度的唐突，这是谈判过程的一部分，新手却可能因此心烦意乱。

我们将在下文有关创造力的章节（第 13 章）看到，经验既可以是一件利器，也可以是一个陷阱。经验在帮助我们识别和解释正在发生的事情时，它是一件利器。经验在限制我们只使用老套路解决问题时，它是一个陷阱。我们拥有的经验越多，就越难以产生新鲜的想法和原创。然而，如果一个经验丰富的人还能成功地产生创意，那么这个人就具有双重能力——他能调用创造的经验进行创造。

在本章节前面部分，我提到过在解决冲突时，过往的对抗经验会如何影响我们，导致我们选择对抗模式。

预测

预测是我们结合过往经验和当前信息得出的，它在解决冲突时也起到至关重要的作用。预测包括：事情的结果会怎么样？如果我在这个地方让步会发生什么？如果我们同意这一点会发生什么？这个协议在各方内部会被如何看待？如果我们坚持下去，会发生什么？预测的所有行动都在未来发生，这个未来可能是下一刻，也可能是几百年后。

有经验的律师能看出来：某个条款能让人在未来钻空子；某个条款在未来无法执行；某个条款措辞不当，留出的模糊地带太大，以至于"能通过一辆四匹马拉的车"；还有，某些条款最好省略，否则在可以预见到的未来将产生无尽的麻烦。

智慧通常被认为是预测的关键。有智慧，就是有能力预测人的行为。人的本性是不变的，所以，研究历史就能预测未来。然而，我们今天思考很多问题的背景（比如说现代经济，或者武器装备）已经发生了巨大的变化，我们很可能不得不转换一个世界，才能进行有智慧的思考。在这种情况下，研究历史可能更多地误导我们，而不是帮助我们。

人们应该是可预测的吗？人们应该让别人能预测他们的行为吗？人们应该先知会别人自己要做什么，然后才去做吗？这些问题跟我们在考虑要不要保密时遇到的问题一样。

如果我们能早早知道结果是什么样的，我们还会付出所有的代价和努力吗？事后回看，答案往往是否定的。但是，因为我们无法预测未来，我们就赋予自己权利把各种希望寄托在未来，不管它们有多么不切实际。

希望的反面是恐惧。任何对未来的设计方案都必须通过恐惧测试：任何一方都害怕自己处于不利地位。这其中的不幸是，拿当下确有的恐惧换取未来无尽的希望。这就是为什么在冲突中，各方都会坚持自己的局部逻辑，要求对方做出尽可能长久的承诺。设计方案里也得包含承诺，不然就不会有吸引力。

没有人能够预测未来，但是我们可以想象一系列未来场景。这个过程可以是一个共同设计的过程。如果所有的场景都缺乏吸引力，那么无限的希望就不可能实现。因此，根据现有的事实和想象设计一系列场景，然后对这一系列场景进行对比，有助于设计解决冲突的方案。这样的设计过程能让冲突双方明了，除非发生奇迹，才有可能满足所有人的一厢情愿。这个过程还能缩小各方在预测上的差距，进而缩小各方在冲突看法上的差距。

感知

在这一章里，我就人们为什么各持己见给出了很多原因，这些原因都可以归入"感知差异"这一笼统的范畴。由此也就解释了为什么对感性思维的关注和对感性思维本质的理解对于解决冲突如此重要，以及为什么要在第 5 章专门讨论感知系统的工作方式。

在本章最后我要补上一笔，提一下感性思维里纯粹感性的部分。你和你的同伴一起仰望天空中的云彩，你看到一张脸，你的同伴看到一个国家的轮廓。你翻看书上的一幅插图，先跳进你脑海的是一个老妇人的形象，随即跳进你脑海的是一个年轻女子的形象。完全相同的信息输入，有时却能以不同的结构来组织和解读。

在实践中，几乎不可能把这种纯粹的感知差异与掺入经验、情感、个人侧重点以及本章所列的其他因素的感知差异区分开来。

毋庸多言，即便是同一件事，让背景和动机相同的人看，仍会有不同的看法。一旦接受了这一点就很容易接受，在解决冲突时，虽然各方身处同一个情境，却常常以不同的方式看待冲突：用对抗模式解决冲突的各方，虽然身处同一个冲突情境，却对冲突有不同的感知。

在后面的章节（第 14 章）里，我们将看到三角思维的主要用途之一是调和各方的不同感知：找到共同点或者设计双方都能接受的新感知。这项工作显然需要由第三方来完成，因为从内部来改变一个感知几乎是不可能的。

06

因为他们想要的东西不同

冲突的产生，是因为人们看待事物的方式不同，或者因为他们想要的东西不同，或者两者兼而有之。

人们的价值观和目标不同，做出的选择就会不同，选择上的不同导致冲突。

亨利·福特（Henry Ford）对此有应对的高招：人们可以按照自己的喜好选择任何颜色的汽车——只要它是黑色的。这样，人们的选择自由就不会跟汽车的制造成本产生冲突。

在这一章里，我要讨论的是人们做选择的方式，我们的民族、国家和文明都在用这个重要的方式。它其实是一个系统，这个系统非常简单和实用。系统首先制定严格的准则，我们熟知的价值观、信念、原则和口号都是准则的体现。准则或者以约定俗成的方式逐步形成，或者以颁布政令的方式横空出世。准则一旦建立，做选择就变得简单了。任何选择都不得违背准则,都必须符合准则。

一位室内设计师正在选购墙纸,有几百个款式可选。他可以查看每一个样品,看自己是否喜欢,看是否达到设计目的,这样做将是一个漫长的过程。更简单的做法是从一开始就设定一些准则,例如,必须有条纹,必须有大面积的黄色,不能有红色,价格必须在预算之内。这些准则将帮助他快速走完筛选流程。不符合条件的样品可以立即抛到一边,例如,任何带有红色的样品。设计师也可以要求店家只拿出符合准则的样品给他看,供他比对挑选。他可以要求只看带有条纹的、黄色的、价格在一定范围内的样品。

显然,使用准则是个很简便的方法,它大大简化了决策过程。

使用准则还有一个优点,就是可以把准则教给别人,让别人照着做。设计师永远不可能把自己的全部品位和经验传授出去,但是他可以很轻松地派助手去店家那里拿来带有条纹的、黄色的墙纸样品。

显而易见的是,"使用准则"这个简便方法被用于构建宗教、意识形态和文明。它一直都很有效。

但是,它也为冲突埋下了隐患。当各方所持的准则相互抵触或者相互矛盾时就会爆发冲突。

风格

让我们把风格鲜明的政治家(戴高乐将军或者撒切尔夫人)与风格不那么鲜明的政治家做一下对比。

风格鲜明的政治家很容易辨识。他们有确定的形象，他们的每个动作都会强化他们的形象，他们的每个故事（无论是真实的还是虚构的）都会给他们的形象加分，于是他们的形象在公众心目中愈加高大。诚然，这样的政治家可能更容易遭受一部分人的憎恨，但是遭人恨本身也意味着一种身份地位的存在。公众相信这样的政治家能代表某些东西。相比之下，风格不那么鲜明的政治家则显得软弱、灰暗和乏味。风格能让感知系统以累积的方式记忆信息。如果一个政治家风格暧昧，那么他做的每件事或者采取的每个行动，在公众认知里都是碎片飘过，公众只能根据对他最近做了什么的印象来感知他。由于公众的印象总是会落在他最近犯了什么错上（没有什么比错误更能引起关注），他就一直会被公众抓住辫子不放。与此截然相反的是，风格鲜明的政治家却能屡屡犯错而毫发无伤，原因就在于这两类政治家在公众心目中的形象是建立在不同的感知基础上的。这就是为什么罗纳德·里根（Ronald Reagan）被称为"特氟龙总统"（Teflon President），他犯的那些对别人而言难以洗刷的错误，对他而言却是挥之即去。

这里我们关心的不是风格对政治家形象的影响，而是风格对政治家做决策的影响。风格不够鲜明的政治家会根据每件事情的具体情况做决策，他会分析思考并和同事们讨论，每做一次决策都是做一次思考练习。风格鲜明的政治家做决策就容易多了，他只需要搬出自己的风格做一下对照，风格之下的准则会立即跳出来帮助他拍板。就像室内设计师筛选墙纸那样简单，他只需要考虑：在这件事情上，我的风格准则允许我采取什么样的行动？不存在犹豫不决。做匹配是大脑最简单和最快捷的操作之一，不需要跟其他人讨论，甚至都不需要考虑事情的具体情况。跟其他人讨论只会让决策变得暧昧，因为其他人并不会要维护政治家的风格。政治家做出的决策将由民主政治护航，公众将会默许他的做法，于是进一步助长他的风格。时间一长，公众做出的决策都可能变得跟政治家如出一辙，公众的追随将进一步提升政治家的形象。

风格意味着可预测性。一位风格鲜明的政治家的所作所为一定会符合他的风格。从某种意义上说，他的风格走在了他的前面，预示了他最终会做出什么样的决策和选择。这就导致了一种情况：他的风格对他来说也可能是一个陷阱，他的任何作为都可能被自己的风格局限。

显而易见的是，当两位风格都很鲜明的领导人之间发生冲突时，双方会陷入对峙的僵局。原因与很多人想象的相反，既不是因为固守路线，也不是因为权力斗争，更不是因为不愿意退让或者承受损失。原因其实很简单，以风格作为决策准则的**政治家没有其他的**决策方法。当（风格上的冲突导致的）对峙阻碍了他们的决策时，双方都失去了决策能力，于是出现了僵局。这个僵局是由能力真空引起的，不是由顽固不化造成的。

原则

政治家的风格里包含着一些原则，这些原则被视作是在指导政治家的行为——尽管这些原则在很大程度上是关于嗓音、穿着和个人故事这类细枝末节的。在美国有专门给政客做包装的行当，从事这一行的人都很清楚：产品的品牌形象能够被独立地创造和培育出来，无关产品本身的价值。

我所说的"原则"，是指那些言明的和未言明的、指导人们进行决策的准则。

我们能听到像"企业自由""机会均等""经济增长"这样的原则。其中有些就是喊口号，其他的则可能落实到行动和被看到结果。例如，是要正义还是要实用主义，人们总是会选正义做口号（选实用主义落实到行动）。

人们都知道，法国大革命的原则是自由、平等、博爱。但是，这些原则不太可能是大革命的动力源泉，虽然它们确实把大革命的目的做了升华，为大革命提供了方便。

事实上，意识形态极少产生于对原则的有意识的应用。原则多是之后提取的，这是给意识形态命名的必要手段。虽然原则只是在之后才被描述出来，这却并不意味着原则会以一种成文的方式运作。例如，"不诚实的权利"和"妨害他人的权利"是西方社会不成文的原则——更礼貌的表达是"自由"。

工会为了集体讨价还价成功，需要建立一整套原则，因为这是他们在谈判中的唯一基础。"同工同酬""上一天班就拿一天薪水""在任何情况下都不减薪""生活水平不能下降"，这些原则不仅仅是实用准则，它们更是一个立场的核心。这些原则不需要考虑经济意义，事实上，它们常常会与谈判目标南辕北辙。例如，拒绝降低工资实际上可能会导致失业（在这方面，美国工人要比欧洲工人灵活得多）。然而，很容易理解人们为什么不得不坚持原则。

想要保持原则的完全连续性，这样想是有问题的。时代在变，原则可能需要更新或改变。然而，这样做的机制还没有形成。人们不得不在每时每刻保持原则的连续性，没有人敢于改变基本原则。

例如，保障工作稳定和同工同酬这一对原则可能对就业率产生负面影响。在经济衰退时期，企业不得不解雇工人，并为裁员付出高昂的代价。当经济形势好转时，企业不愿再雇用更多工人，宁愿低产能运转和放弃订单。我们可以设想用一个系统来解决这个问题。把雇用新工人的费用提高，比如说比普通工人高出10%，但是新工人不能立即享有完全的工作稳定保障。如果企业不得不裁员的话，新工人将是第一批离开的人，并且他们不会得到常规的裁员补偿。新工人在工作了一段约定的时间后才能转岗为普通工人。这个系统很可能解决问题，并被一些工人接受。但是由于它会违背保障工作稳定和同工同酬这两个基本原则，人们不太可能去尝试它。

必须指出，工会为了提高工人就业率，在制定原则和维护原则方面一直表现优异。

不同团体建立的原则，显然会在某些时候发生冲突。即使是由同一团体制定的原则，也会发生原则之间就某个点相互矛盾的情况。例如，医疗保健范围扩大和成本上涨的速度远远超过支付能力提升的速度,这导致了医疗保健开放原则与经济自给自足原则之间旷日持久的冲突。又例如,企业自由"免于干涉"的原则与保护投资者免受内幕交易欺诈侵害的需要之间存在冲突。

奇怪甚至荒谬的是,我们把原则看作是永久的和不可违背的,而我们又十分清楚它们在某一时刻会相互冲突。对此我们就是不想理会,希望拖到以后再说。我们会这样做,是因为最初的原则是宗教性质的,这意味着它们确实是绝对的(就像人类生命的神圣性),因此对原则之间的冲突做思考是毫无意义的,而且这样的原则也不多。然而,我们却倾向于以同样不切实际的方式对待所有后来的原则。当原则之间产生冲突时,我们不知道该怎么办,我们不知道在这里再次需要大量的设计思维。

英国军队派出舰队重新占领福克兰群岛,这个事件就涉及几条显而易见的基本原则。阿根廷占领福克兰群岛是入侵行为,于是有"不能让侵略得逞"的原则。确保阿根廷撤军的谈判关乎群岛主权,于是有"福克兰群岛人民自主决定"的原则。这些都是明确的、不可违背的原则,撒切尔夫人就是在英国议会的支持下,按照这些原则行事的。

让我们稍稍改变一下当时的背景。假设群岛离阿根廷大陆近很多,阿根廷的空中力量因此将具有压倒性优势(群岛处于飞机巡航范围之内)。假设占领的不是群岛而是大陆。假设英国舰队已经被缩编,以履行对北约(而非皇室)的承诺。假设美国断然拒绝在后勤保障和卫星通信方面有任何合作。

保持之前的原则完全不变：抵抗侵略和人民自主决定。但是，军事远征的成功把握将变得很小，甚至变得不可能（如果占领的是大陆）。因此，在实际贯彻某项原则时，逃不开务实的考虑。

"我们将坚持基本原则，并以我们看得到的、切实可行的方式来贯彻这些原则。"

没有人会对上面这个诚实的说法持有异议，因为不管承认与否，事情真的就是这样。但是，凭什么来决定"什么是切实可行的"呢？这点很关键。如果我们说，发动重大战争将不再是切实可行的，那么我们就需要为捍卫领土原则设计出新的行动方式。

我们再略微改动一下表述：

"我们永远不会放弃抵抗侵略和人民自主决定的基本原则。"

像这样，我们就有了一条不放弃任何原则的原则，我们在行动上就不必自动遵循某项原则，而是可以根据行动的价值来决定采取什么行动（事情大抵就是这样）。

口号

一句口号可以装入一个原则、一个信仰或者一个价值观。

口号的优点在于,能把那些也许过于模糊、让人不觉得有理由要去思考或行动的东西包装起来,让人们能容易地感知到。

一个好的口号能替代思考,因为它能为很多不同的情形提供多用途的结论。

大多数宗教已经发现恐惧是最有用的情感,因为它是如此持久。只要你醒着,你每分每秒都会害怕,不像爱这类情感,往往来去匆匆,除了狂热分子是例外。与此类似,"打倒某样东西"的口号是最持久的,因为它们的存在自动地与它们所要打倒的事物联系在一起。然而,当"敌人"被打倒,口号变得毫无意义时,某种真空会出现。为了维持奋斗的使命,可能会需要创造出新的敌人。

没有充分的理由说明,为什么两个相互对立的口号不能共存——最多也就是触犯了我们的洁癖和矛盾原则。我们无法根据两个相互对立的原则来做出一个决定——但是口号不是决定。相互对立的"支持"口号可以像不同品牌的广告那样容易地共存。相互对立的"打倒"口号要难办一些,因为我们会觉得,既然在口号里有"打倒",那么在行动上就应该体现出来反对其他的口号。但是事情不必如此。

价值观

人类的生活和人类的文明都是关于价值观的。只要把描述方式稍加更改就可以看到,每一次冲突实际上都是价值观的冲突。

价值观与原则和信念紧密相连。价值观通常产生于一个基本的信念,然后被包装成一条原则。

价值观分为禁忌价值观和指导价值观。禁忌价值观是我们永远无法否定的价值观。例如,生命的价值就是一个禁忌价值观。

设想一下,一方接受另一方蓄意杀害一个双方都知道是无辜的人,就可以避免一场要付出高昂生命代价的冲突。人们永远不会接受这种牺牲,即使成千上万的人(同样是无辜的)会因为这种不够实用主义的做法而失去生命。接受这一做法会符合很多局部逻辑,但它将违背被视为文明社会基础的禁忌价值观。

指导价值观是我们寻找前进方向的指南针。我们可以在方向上往"北"走,而在实际移动中不时往东或往西跨几步。因此我们有着广泛的指导价值观,例如"不断进步""保护健康""提高生活水平""繁荣文化艺术""追求幸福"等。

每个个人、每个群体、每个国家以及(希望是)整个人类,都有自己的禁忌价值观和指导价值观。

我将在后面的章节里更加全面地讨论价值观:在设计解决冲突的方案时,价值观作为设计元素之一,在信息输入阶段和方案契合度评估阶段都会出现。

在讨论价值观时,我将讨论到导致人们选择不同价值观的各种因素。大多数人想要生,但在某些情况下,人们似乎想要死(自杀、基督教殉道、伊斯兰原教旨主义)。人们的价值体系可以有非常大的差异。

奇怪的是,我们更愿意面对价值观的冲突,而不是原则的冲突(因为我在前面提到过,原则似乎是绝对的真理)。一个人有权在公园里听音乐,这是那个人的价值观。公园里的其他人也有权要求保持安静,这是其他人的价值观。两个价值观是冲突的。要解决这个冲突,一个很好的设计案例就是借助技术手段(戴上耳机)。

父母希望花钱让自己的孩子接受更好的教育,而国家希望让所有人享有平等的教育机会,这两者之间可能存在价值观冲突。

当两个价值观发生冲突时,我们会尽可能使用两条策略来应对。第一条策略是"价值观等级"策略,它意味着每个价值观都有其价值地位。按照价值地位排序,较高的价值观具有优先权。第二条策略是"互不干涉"策略。你在受益于一个价值观时不应该让其他人受损。悉尼机场一直实行宵禁,以避免旅客享受的便利影响到机场附近居民的睡眠。

我们还大量使用"意图"这个概念。我们事实上在用生命的代价换取交通的便利。美国每年大约有 5 万人死于交通事故。如果每个人都能不可思议地把速度降到每小时 5 英里⊖,就能减少死亡人数。但是由于交通事故死亡并不是"有意"导致的,所以在交通事故和交通便利之间就可以有一个模糊地带,可以在这个模糊地带上进行某种程度的妥协。从高空匿名投掷的汽油弹烧到人,跟在刑讯逼供中动用火刑烧到人是不一样的,其

⊖ 1 英里≈1.609 千米。

不同就在意图上。

价值观往往可以被感知改变，这一点既可怕，又让人感到乐观。同样的东西，从一个角度看不吸引人，换一个角度看就变得很吸引人。这一点很可怕，是因为它为各种滥用价值观的行为打开了大门（除非有类似《日内瓦公约》这样严格的法规来阻止）。这一点又让人感到乐观，是因为它提示可以通过设计一条出路来调和两个冲突的价值观。

我想要强调的一点是，我们陷入了某种进退两难的境地。我们意识到，文明是其信念、价值观和原则的总和。我们意识到，如果我们为了实用的目的对信念、价值观和原则进行篡改，我们可能会为各种恐怖打开大门。恐怖源于接受这样一条原则："只要目的正当，可以不择手段"——这条原则正被用来为恐怖主义辩护。我们也意识到，要解决各种原则和价值观之间的激烈冲突，必须使用更富有想象力的方式，目前的系统只能导致赤裸裸的冲突。

我相信，用设计模式解决冲突是我们唯一的希望。我们会有很长的路要走，而在踏上这条道路之前，我们唯有意识到当前做法的不足，才能激起改变的愿望。我们不能把原则和价值观的冲突简单地看作是偏差现象，看作是只在出现时才需要解决的问题。我们建立的像联合国这样的机构确实在发挥解决冲突的作用，但是我认为它们仍然是不足的。我将在后面的章节详细说明原因，说明这些组织中存在的根本缺陷（见第11章"门徒传承"小节）。

信念

观念、行为、价值观和原则都源自底层的信念。信念的作用和重要性能用一整本书来讨论，而我在本书里将从一个特别的角度来讨论信念，就是探讨信念的生理学基础。为什么大脑一定要有信念？什么是信念？我的观点是，信念必然产生于我们大脑中特定类型的信息处理系统。这个信息处理系统就是我在第 1 章里描述的自组织系统。

让我们来看一些不同类型的价值，这些价值都被信念视作"现实"。

实用价值：（就好像威廉·詹姆斯那样问）某样东西的现金价值是多少？它能产生什么效果？它能带来什么影响？金钱的实用价值只在于它能买到什么。

参考价值：某样东西是参照其他事物来确定的。一个点在图上的位置是通过它在两根数轴上的值来确定的。船舶在海洋上的位置是参照海图确定的。我们在确定某样东西的位置时总是要参照这样东西所在的框架。

等值价值：在一个数学方程式里，等号的左边跟等号的右边是等值的。换到日常语言里就是，一个概念对应一个定义。我们可以从概念对应到定义，也可以从定义对应到概念。

恒定价值：这就是我们有时会提到的"科学真理"，它们可以被反复验证，每次验证的答案总是相同的。价值恒定意味着，只要我们再次设置相同的环境，相同的事情就会发生。

循环价值：事情一环扣着一环发生，形成一个逻辑循环，就好像启动了一个会自我实现的预言。一个短暂的信号只是出现一下，一个重复出现的信号会一直出现。

循环参与了信念的形成。人们以某种特定的方式看待世界，就会形成某种特定的世界观，这种世界观又会反过来强化人们看待世界的方式，这样就固化了人们对世界的感知。

作为一个自组织的信息处理系统，大脑必须对周围的世界做出解读。没搞清楚的地方要搞清楚，有空白的地方要用概念填补，这样整体知识结构才能越来越贯通。

下面我用一个简单的例子展示，自组织系统如何总是倾向于形成重复循环的模式。

在一张纸上画 20 个左右的小圆圈，这些小圆圈彼此分开。用直线以任何方式**随意**把这些圆圈连接起来。可以有任意多条直线连接两个圆圈。每个圆圈最少连接两条直线。现在依次在每个圆圈上做标记，任意找出一条从这个圆圈出发的直线标记"1"，再找到第二条从这个圆圈出发的直线标记"2"。照这样给所有的圆圈都做上标记。

圆圈代表"状态"，直线代表从一种状态变化到另一种状态。数字"1"代表首选的改变路径。但是如果这条路径已经被用来达到圆圈,那么路径"2"必须被用来离开这个圆圈(备选的改变路径)。

现在拿着铅笔闭上眼睛,把铅笔落到纸上。然后睁开眼睛,将铅笔移到最近的圆圈上。沿着标记为"1"的路径退出圆圈,去到下一个圆圈,再沿着标记为"1"的路径退出,去到再下一个圆圈。如果标记为"1"的路径被用来进入圆圈,那么改由标记为"2"的路径退出圆圈。照这样一直走。

你会发现,无论你如何排列这些圆圈,无论你如何随机地连接这些圆圈,也无论你如何随机地标记这些路径,你最终**总是**会进入一个重复循环的路径。换句话说,在一个明显是随机的表象之下,一个循环经由随机输入被创造出来。

大脑以类似的方式,让经验自行组织成为信念。

这种内在的、循环的、感知到的现实,与我们所熟知的科学的、外在的、可验证的客观现实有很大的不同。但是在感知的世界里,前者就是全然真实的现实。

因为信念形成于循环,所以它们很难被消灭或改变。通常人们更愿意保持一种信念,而不愿意接受他们看到的事实。信念不是按一般的逻辑运作的。信念只能通过逐步淡化来消失。只有等到圆圈上旧的路径式微了,新的路径才能取而代之。这就是为什么那些最鼎盛的宗教始终奉行宗教仪式,宗教仪式有助于防止信念淡化。

虽然大多数冲突的底层是信念系统的差异,但是没有理由认为信念系统的差异就应该导致冲突。冲突之所以产生，是因为一个信念系统认为自己的价值观应该是普适的，否则就有使命去推行，直至被所有人接受。当一个信念系统把扩散自己的价值观和转换异己的价值观作为使命，并使之成为信念结构的一部分时，冲突就埋下了。当一个信念系统被精确地建立起来以攻击另一个信念系统时，冲突是必然的。然而，所有这些信念系统的"扩张主义"倾向，都不是信念的内在本质。

07

因为他们的思维方式鼓励他们这么做

　　我们的思维方式是行动导向的，它偏好的行动是辨认、区分、判断确定性和判断持久性。它是人类（在不同时期和不同地域）取得杰出技术进步的基础。

　　不难想象，一种特定的思维方式对于达到某些目的非常有效，而对达到其他目的却是无效的。比无效更糟糕的情况是：它可能是危险的。我们知道，小规模刀耕火种的农业对人口稀少的地区来说是好的，但对人口密集的地区来说却可能是灾难性的。

　　这个类比恰恰说明了基于语言的思维系统的一个问题。我们会给事物贴上永久性的价值标签，这使得我们很难认为某事"在一点上是好的，但过了这个点就不好了"。我有时称之为"盐曲线"。在食物上放点盐是好的，放多了就不好了。

　　我们渴望确定性，我们不喜欢变化，不愿意考虑背景的多元和程度的差异。大多数学院派的辩论都源于人们接受变化的困难。辩论双方的主张通常都是正确的,只不过在背景或程度上有所差异。民主是一样"好东西",因此必须尽一切可能引入民主。如果一个国家还没有做好准备或无法实施民主,这个国家就太糟糕了。这样的暗示,无论如何都是家长式的和施恩式的。以这个方式引入民主难以奏效。对过渡阶段做一些设计,或者对引入民主的方式做一些设计以更加适应不同的文化,可能会带来更大的成功。

基于文字

我们的思维是基于文字的。在第 1 章里,我指出了基于文字的思维有一些不可避免的缺陷(如身份划分、永久定性标签和歧视)。语言从来没有被设计成思考的手段。语言的目的是交流。把对沟通的要求和对思考的要求混为一谈,这样的想法是完全错误的。为什么它们应该是一样的呢?

我们在沟通时要做的是,努力用语言这个手段消除所有的疑问,我们每多说一个字都是在这个方向上努力。我们在思考时要做的是,分析事物的可能性和关联性,以便形成洞察力。诗歌比散文更接近思考,散文是描述事物现在的样子,诗歌是指明事物可能的样子。

文字会承载情感,文字一旦承载上某种情感,就再也净化不掉了。文字生动地记载着我们的过去,也因此,我们在使用文字的时候会陷入过去的模式,尽管那些模式已经不适用了。"利润"(profit)这个词,本来的意思是投资生产所产生的盈余，这个意思在很多社会里被扭曲了，难以恢复。"操控"（manipulate）这个词，本来可以指善意地调整一个人的岗位，让他更好地发挥作用，现在也已经变味了。

我们需要发明很多新概念，但是由于缺乏合适的方法来发明对应的词语，我们无法发明这些新概念。人们不了解语言在描述系统行为方面有多么贫乏，因此总是把新的词语当作噱头。在前面的章节里，我提到过需要发明一个词语来描述局部逻辑行得通但在更大逻辑上行不通的情况。

我在多年前发明了"水平思考"这个词语，当时我迫切需要描述，在大脑这个自组织信息处理系统里，创意发生和范式改变的逻辑。改变感知和概念，不是一个开心的过程，不是戴上"创造力"这顶帽子再模拟一下艺术生产过程就能做到的。

在本书中，我试图引入"三角思维"这个词语来定义和描述解决冲突在思维上所需要的第三方角色。

两极分化

因为我们需要做出决策，采取行动，所以我们不喜欢骑墙观望的人。我们不喜欢这样的经济学家：左手捧着正方观点，右手捧着反方观点。基督教创始人对这样的两头都不热的人决不手下留情。

思考是一个动态的过程。你可以动态地朝一个方向移动，但不能同时朝相反方向移动。

有一个办法可以绕过这种明显的两极分化的困境。这个办法就是日本人在日常生活中使用的"区隔法"。一位日本企业高管，白天以西方企业高管的面貌示人，晚上（在日本国内）以日本企业长官的姿态出现，回到家里则变成传统的日本居家男人。

毫无疑问，很多政治家认同他们的一些决策是社会主义的，而另一些决策是资本主义的（这样的区分不似日本区隔法那样理想，做不到在每个区隔内部保持完全一致）。然而，我们的语言不喜欢这种区分不清的做法，由于我们的语言不喜欢，政治家的上述做法能获得的支持是微弱的。

真理与谬误

我在讲辩论和辩证思维的那章已经谈到过这类问题。

糟糕的逻辑导致糟糕的思维，这么说没有问题。

好的逻辑造就好的思维，这么说却大有问题。好的逻辑，就像一台正常工作的计算机，它只是提供服务的设备，用来处理感知传递的信息。再优秀的逻辑也不能弥补感知的不足。优秀的逻辑反而会带给人一种错觉，个人的所思所想都是确定的、高明的和正义的。我们真的会相信，没有逻辑错误的论证一定是正确的。我们的论证不可能不跟我们的初始论点一致，因为它们都是被我们的感知决定的。

真理是唯一的，好比一场赛跑只能有一个第一名，这个概念也是有问题的。如果你觉得第一名已经在你这里了，那别人还能为你做什么呢？

我在其他地方提到过，下面这个概念也是有问题的：你需要在每一步思考上都做到正确。除非我们相信，验证结论的方法只能是考察思考路径上的偏离（你是如何一步一步得出结论的），这个概念才会是正确的。如果要验证结论只需要考察结论本身，那么思考路径就不那么相关了。我们在做设计工作的时候总是只看设计结果。你永远不可能通过展示你的思考步骤来证明你的设计是正确的。要验证结论，只能是做一次最终评估：设计有没有达到预期目的？是不是符合验收标准？

我和其他人一样充分认识到区分真理和谬误的价值，但我也认识到，如果我们只能接受逻辑步骤无误的真理，那么我们将只能在封闭的系统中思考。

下面来看看可以出现在讨论中的其他回应：

"这很有趣。"

"这会导致……"

"这是暂时的。"

"这一点还是个推测。"

"这里有一个设想。"

"没有理由这样去看，不过……"

一旦我们理解了范式系统的本质，那么上面这些回应就会变成讨论中**绝对必然需要**的部分。在一个不对称的范式系统里，我们需要（借助上面这些回应）从范式的一个部分去到另一个部分，因为只有去到那个部分，才能看到那个部分的逻辑。那个逻辑原来看不到，在事后看却是一目了然。像过去那样坚持每个逻辑步骤都必须正确无误，这样的坚持是完全错误的。

矛盾原则

矛盾原则是常规逻辑系统的基础。两个相互排斥的陈述不可能都是正确的。一个陈述不可能同时是正确的和错误的。

从某种意义上说，矛盾原则被直接应用在了我们解决冲突的思维中。两个相互排斥的欲望不能同时得到满足。你不能同时向北和向南走。因此，必须借助冲突来看哪个欲望胜出。

有时候可以把冲突看作一场比赛，一场比赛只能有一个第一名。我们没法让约翰和彼得同时赢得比赛。"约翰赢了比赛"和"彼得赢了比赛"，这两个说法是相互矛盾的。

我们的思维方式就是这样，它会让我们刻意地去**寻找**矛盾，而我们的思维能力就是这样得到提升的。因此，我们既不会避开矛盾，也不会把矛盾最小化，而是试图用相互矛盾的词语来描述所有的事物：

"所有的天鹅都有长长的脖子。"
"这只鸟的脖子很短。"
"因此，这只鸟不可能是天鹅。"

"这只鸟是天鹅"和"这只鸟的脖子很短",这两句话是矛盾的,因此这只鸟不可能是天鹅。我们通常就是这么思考的。

为了支持这种思考方式,我们必须采用完全的和排他的归类。我们不得不说"所有的天鹅都有长脖子",这么说很容易,因为我们可以决定"天鹅"这个词只能用来指代长脖子的鸟。然而,如果我们使用诸如"大部分""大体上"或"通常"这样的词语,我们的思考系统就会瘫痪:

"大部分天鹅有长脖子。"
"这只鸟没有长脖子,所以不太可能是天鹅,但我不能肯定。"

这样的情形似乎就难以让人满意了。

然而,在解决冲突时,在思维上避免死板的定性,改用诸如"通常""总体来说""大体上看"这样的词语,可能很有帮助。这些词语能传达相同的意思,却不容易受到攻击。矛盾原则会马上被"可能性原则"取代,这绝对没有害处。辩证法在被用来捍卫神学体系时,有百害而无一利。说"上帝可能是完美的"跟说"上帝是完美的"不一样,因为从前一句话里无法推导出神学体系所需要的所有结论。

"这块布是绿色的。"
"不,它是蓝色的。"

"拿到阳光下来看。"
"它还是蓝色的。"

这块布很可能是随光线变色的:同时是绿色的和蓝色的。

我们对明显的矛盾太过畏惧。一旦发现矛盾,我们就会退缩,因为我们的思考就是这样被训练的。如果我们能接受明显的矛盾,然后从矛盾出发向前推进,这在以设计模式解决冲突的过程中,将会是巨大的帮助。明显的矛盾真的是矛盾吗?我们有没有可能对环境做一些改变,而让矛盾继续存在(这不见得不是一种现实的做法)?我们有没有可能把消除矛盾放到最后一步才去做?

如果有必要,我们总是可以使用我发明的新词"Po"来保护矛盾的状态,我将在第13章"新单词'Po'"小节做具体说明。使用"Po"是要激发我们的思考,让我们知道接下来会出现一个陈述,这个陈述会**跳脱**我们的评价体系。我们可能会说"Po,车轮应该是方形的",然后继续酝酿一些非常有趣的想法。

一致性与矛盾密切相关。一致性要求人们不应该自相矛盾,他们说的话应该前后一致。然而,人们应该能够改变他们的想法和立场,人们可能会收到新的信息,环境可能会发生变化,或者,两个不一致的说法可能都有道理。这样的情况在民意调查中十分常见。

一个人可能希望其配偶赚更多的钱,同时又不希望他/她为了赚钱出差到国外。这两个想法都是真实的，即使在逻辑上是矛盾的。我们需要关注一个想法的实质而不是形式。对形式上的逻辑一致性的过分关注，常常使冲突无解。

人们可能会认为，如果我们贬低矛盾原则，就会造成彻底的混乱。在混乱中任何情况都会发生，任何结论都不可能达成，最终可能就是双方互喊口号和对喷不满而已。但是这样的情况其实不会发生。的确，有些时候，人们真的就是在互喊口号和相互指责，而没有去思考如何解决冲突，但是这种情况只发生在冲突各方都只想这么做的时候。

一个木匠要做一张桌子，他很清楚这活该怎么干，他会把所有的木头拼到一起，直到拼出整张桌子。木匠不会去用矛盾原则，他会去看哪几片木头能拼到一起，什么样的接头能把各个部位连起来。木匠用的是积极建构的原则：只要合适、能用上、能做成，就行。积极建构的原则是非常有用的。

我们对矛盾原则的过度使用源于神学辩论，我们应当对此保持高度的警惕。在神学辩论中，**异端邪说必须被证明是错误的**，矛盾原则是证明异端邪说错误的关键。神学辩论中的思考情形不同于所有其他冲突。本书的重点是以设计模式思考，这样的思考明显是建构式的——类似木匠做桌子。

我们必须非常清楚这一点。如果我们过度使用矛盾原则，那就注定会陷入消极的排斥思维。我们需要摆脱这种困扰，以发展积极的建构式思维：设计模式。

08

因为他们认为应当这样做

在我们的文明里，冲突模式是人们所期待和尊敬的模式。我指的不仅仅是保家卫国不受外敌侵犯，或是保护弱者免遭霸凌的英勇行为。我们会给这些行为配上适度的赞誉和荣耀，这样做可能是必要的——也许以后仍然是必要的。任何一方做出了巨大的牺牲，都应得到合理的表彰。我们对冲突模式的期待和尊敬涵盖的范围很广，从上述行为一直延伸到两位网球运动员之间的比拼。

有时冲突是必要的。有时，它可能是愉快的竞争。我不打算对每个冲突情形的是非曲直做讨论。我在本书中也没有谴责冲突本身。我关心的是**人们在冲突中是如何思考的**。人们想要解决冲突，但是人们解决冲突的方式却难以让人满意，这是我所关注的方面。

我在这一章节想说的是，我们的文明跟冲突模式高度契合。

导致冲突的思维方式，在我们的态度、我们的期待和我们的语言里随处可见。与此形成巨大落差的是，我们的文明在解决冲突时却乏善可陈。我们喜欢谈论和平，但唯一能想到的实现和平的方式就是**为和平而战**。

语言匮乏

我在本书的很多地方反复提到这一点。我越是对思考进行思考，就越是意识到即使是像英语这样丰富的语言也还是有匮乏之处。一些词语要么根本不存在，要么就是意思被破坏了——或者因为它们跟产生误导的词语连用，或者因为它们承载了太多情感。

毫无疑问，语言具有足够的灵活性，可以通过精心设计把旧词组合在一起来表达新的含义。毕竟，这就是我在本书中尝试做的，并且在以前的书中也尝试过。但这样做还不够好。

用一组词语来描述一个新概念是可能的。这将充分发挥语言的描述、解释或交流功能。

"到仓库里去，给我搬一个东西来，这个东西顶上是平的，四个角上各有一条腿撑着。"

你知道我说的是什么，你会给我搬来一张桌子。我的描述是完美的，但是这种描述并不能创建桌子这个**概念**。我们可以经常使用充分描述法，想用多少次就用多少次，最终可能会形成一个概念，也可能不会。为什么会是这样呢？因为感知这个自组织系统的本质就是这样，我在第 1 章里对此进行过描述，并拿数学排列组合做过对比。显然，如果每次都只是临时集合一些词语来做描述，新的概念是不可能形成的。

一个概念在形成之前难以真正进入我们的思维。一个概念就像一个交叉路口，围绕着这个交叉路口会发展起来一个城镇。城镇不断扩大，会发展出郊区。通往其他城镇的道路会铺设起来，这个城镇于是拥有了自己的身份，你可以从这个城镇去到其他城镇。概念就是这样形成的。而描述，只是一条临时的旅行路线，你可以准确地使用它，但是仅此而已。

语言纯化主义者说我们不需要新的词语，因为现有的词语**足够描述**任何事物。他们这么说是不恰当的，仅靠描述来表达是不够的。

我们有大量的词语能用来描述冲突，包括胜利、失败、投降、获得、损失、攻击、防御、赢得、失去等。因此，我们不缺少关于冲突的概念。

现在让我们看一看，有哪些词语能用来描述冲突的解决。我们能找到退让、失败、投降、放弃——以及它们的反义词，这些反义词是给获胜一方用的。我们还能找到妥协、休战或暂停，这些词语都不令人满意，因为它们都不能表明冲突得到令人满意的解决，它们只能表明停止了敌对行动。"和平"这个词语在这里用不上，因为它不是描述结果的词语，而是描述状态的词语，"和平"的状态能不能实现，只能在结果出现后看到。

胜利之后可能进入和平状态，失败之后也可能进入和平状态。

我想找到一个概念来指代下面这段话：

"我们之间发生了这样一个冲突，我们对此进行了一些建设性的思考。结果我们设计出了一个令双方都非常满意的结果。这不是容忍，也不是被动接受，而是我们确实看到了设计结果对双方都有积极的益处。"

我们如何表达这样一个概念？我们如何描述一个令人非常满意的冲突解决情形？显然，我们的语言从未留意到这样的情形，因为我们的文化期待的是输/赢式冲突。

再举一个例子。我们有很多关于朋友和敌人的词语。我们用很多词语来描述从朋友到敌人之间的各种关系：爱、恨、对抗、信任、怀疑等。现在让我们来感受一下差距，我想要一个词语来指代下面的概念：

"这个家伙是我的敌人。我知道他想灭了我，就像我想灭了他一样。但是我可以和他交流，和他共事。我们可以在一起建设性地处理问题，这些问题唯有通过合作才能解决。"

换句话说，这是一个我喜欢并能与之合作的敌人。我甚至不必"喜欢"他，尊重他就足够了。即使没有尊重，我仍然想要以建设性的方式跟他交流和合作。在这里,"一个我想要与之合作的敌人"的概念,背离了正常的语言表达,因为它违反了我在前一章里提到的矛盾原则。

我将在本书里介绍"三角思维"的概念。有必要用这样一个词语来指代下面的概念:

> "在冲突局势中,双方都无法跳出自己的认知。为了从辩论模式转换到设计模式,需要一个第三方。这个第三方不是中间人,不是谈判者,也不是调解人。第三方就像一面镜子、一个纵览全局的人、一个激发创意和创造力的人、一个指导思考的人。第三方还会组织冲突双方一起绘制地图。第三方是解决冲突所需的设计思维的组成部分。"

如果没有一个词语来指代,那么每次提到这个概念都得讲太多的话。有了"三角思维"这个词语就方便多了。不幸的是,仅仅说到"第三方"是不够的。第三方可以是一名位高权重的法官,也可以只是一个穿梭在谈判双方之间的跑腿人。我所说的第三方是一个跟冲突各方处于同一个层级的,带领冲突各方运用设计思维的人。人们一般会把三角形画成等边(角)三角形,一个角在正(垂直)上方。这样的形状能立即给人一个各方平等的印象,同时,第三方站在冲突之上——意味着它是中立的,并且掌舵思维的开展方式。

令人惊讶的是，我们没有"制造冲突"（confliction）这个词语来指代冲突的引发、助长和推进过程。我们可能认为冲突只是碰巧发生的，但是其实人们主动制造冲突的情形并不少见，我们确实需要有一个词语。更重要的是，我们需要"去除冲突"（de-confliction）这个词语来指代冲突的消除或解决。去除冲突不仅仅是解决问题，它是用设计的方法消除形成冲突的基础。

助长冲突

是观众在怂恿角斗士搏斗。是球迷在给足球运动员加油。

当舰队起航前往福克兰群岛时，一股狂热蔓延开来，就像是为十字军东征送行。那边明摆着就是非正义的侵略者。我们当然要派一支训练有素的职业军队去教训那个自以为是的暴发户国家。这一切都将发生在遥远的地方，这里不会发生轰炸和供应短缺，而且稳操胜券。在这种情况下，人们自然而然地开始享受（稳操胜券的）冲突。这样的冲突是令人愉悦的。

1984年8月，英国矿业工人罢工仍在继续。威斯敏斯特议会刚刚举行了暑假前的最后一次会议。8月1日，《每日电讯报》（*Daily Telegraph*）的头条如下：

"工党抨击罢工，
议员欢呼撒切尔夫人胜利。"

在报纸的最后一页，还有另一个标题：

"××被打成了发抖的稀泥。"

（指向一位观点极左、言辞犀利的工党发言人）

这是一场好看的闹剧。这里有乱作一团的议会。这里看得到政党政治的本质。这是民主的基础。

考虑这样一个情形：在报纸某个地方出现一小段文章，报道谈判双方各派出一组高层人士会面商讨，要为这场危机设计出一个建设性的、符合实际的结果，这场危机已经持续了数周，每天耗费千万英镑。这样的文章该多么无趣啊！

不得不说，报纸在助长冲突。助长冲突远比解决冲突有趣，就像一起性谋杀案远比一个秘书的平淡生活有趣得多一样。

越战期间，美国新闻界发现了十字军东征的乐趣：树立一个使命，让大众支持你。尼克松政府的水门事件升级了这项乐趣。然后是卡特政府的伊朗人质问题（这个问题比其他问题都要突出）。此时，新闻界已经停不下来了。值得称赞的是，里根总统匡正了整个画风。他越过新闻界，通过电视直接与大众接触。他的魅力、真诚、外表和表演经验无疑帮了大忙。一旦电视观众可以亲眼看到并自己做出判断（即使他们判断错误），新闻界再怎么说总统是个无能的怪物也没用了。十字军东征的乐趣就此结束。

上面这段话的重点是：通过适度的造势和离间来引发和助长冲突，这是新闻业的本质（而不是对手段的滥用）。然而，这并不是电视的本质。在电视上，事件的主角可以为自己说话，而像新闻段子里那样尖锐刻薄反倒显得荒唐。事实上，电视可能是迄今为止最反冲突的媒体。人们挤在大厅里聆听煽动冲突的洗脑言论，这个充满鸡血的画面跟一家人在客厅里看电视的亲密氛围格格不入。

然而，就整体而言，社会的本质是助长和推进冲突的，直至冲突对个人造成不便。可是到那时候再想转换轨道就可能太晚了。

因为人们的好斗和好战，冲突变成了一项乐趣。人们参与游行示威的动机哪怕是最最纯粹的，那种使命感、目的感和同志情谊仍然令人愉悦。

生活是枯燥的，冲突增加了戏剧性和刺激。冲突让我们有兴趣知道接下来会发生什么（这就是为什么在登陆福克兰群岛的整个行动中人们都离不开收音机）。讨论冲突是很有趣的——每个人都可以选择立场，成为专家。

出于各种各样的原因，我们确实会在明面上或者在暗地里助长冲突。我们很难做到在助长一种冲突的同时压制另一种冲突，因为我们的语言、思维模式和态度会从有益的冲突中溢出，蔓延到有害的冲突，对有害的冲突起到同样的助长作用。

孩子们喜欢看暴力漫画不是因为他们嗜血，而是因为在戏剧里让一个人死掉是最简单的和可操作的，有人死掉就意味着出大事了。正如对富人来说，金钱不过是一个计分系统，对暴力漫画里的主角来说，清点尸体是最简单的计分方式。

第三部分

创造力、设计和第三方角色

09

设　计

在这一章，我将讨论设计模式。这个主题非常重要，当然不可能在一章里全部讨论完。然而，我确实想要把设计模式与我在前一章里讨论过的辩论模式做个比较。

"我们怎么排除这一点呢？"这是在辩论模式下的排除，这个排除是消极的。

"我们如何实现这一点呢？"这是在设计模式下的建构，这个建构是积极的。

需要说明的是，设计冲突的出路比设计一台机器要难得多。这是因为人性是难以预测的。我们确实对物理定律有了足够的了解，能够预测某些事物会如何运作（我们甚至可以用数学方法计算出来），但我们对人类行为的了解还不足以预测某条出路能否行得通。

很多年前,我在瑞典南部的一所高中给一群年轻人上课。来自政府和工商界的人士跑来问这群年轻人问题。这项实验是由冈纳·韦斯曼(Gunnar Wessman)组织的,他是瑞典著名的实业家,也是水平思考的忠实粉丝。提出的问题中有一个是关于化工厂的周末轮班的。没有人愿意在周末上班,如何激励员工在周末上班呢?

这群年轻人想出了一个直接而天真的方法。忘记激励员工这回事吧!雇用在周末上班的劳动力,他们只在周末工作。这个建议被提出来时,没有人认为是个好主意。人们觉得工会不会允许,就算工会允许,又有谁会想做这份工作呢?然而这个建议却成功了。申请这份工作的人数比需要的多很多倍。

因此,设计模式的最大难点在于,人们可能不接受一个原本可行的想法。

拆解

我们能体会,很多冲突是由历史、环境、人的情绪以及事态演化造成的。我们还能体会,很多冲突是由相关各方造成的(不一定是有意为之),大家都抓着分歧不放,在冲突点上做文章。

拆解冲突的过程,是把这些东西拆解开来,再另找一种方式组合在一起。

夸大

双方对同一情境的看法略有不同,这当然是冲突产生的主要基础。不同的认知导致不同的愿望和行动选择,于是双方各自选择自己的路线。现在双方在路线选择上起了冲突。尽管路线上的实际差异可能非常小,冲突却有可能最终全面升级,双方在观点上变得完全对立。

夫妻俩讨论开车去朋友家的最佳路线,两人选择的路线不同。一场激烈的争论由此引发,选择路线 A 还是路线 B,彻底转变成一场意志之战,各种不相干的事情都被牵扯进去。当我们开始拆解这场辩论时,我们发现,其实两条路线之间的差别是非常小的。

这就是辩论模式的悲剧,只要双方在一个点上意见相左,那么不管这个点多么微乎其微,它都不再是微乎其微的了,它能立刻让双方陷入完全对立的冲突。

背对背

两个相距只有半英里的村庄,方言却相差很大,这很令人吃惊。两个村庄之间的往来看起来很顺畅,很难理解怎么可能出现这么大的语言差异并保持下来。然而,有一个非常好的解释,它与拆解冲突相关。

想象一下两个相距数英里的中心,各自发展出自己的方言,两个中心之间几乎没有往来。然后,人口从这两个中心扩散出来,在外围形成村庄,就这样继续扩散到越来越远。由于村庄里的人最初是从中心出来的,中心是家族的发源地,所以他们总是倾向于跟中心往来,中心始终有着巨大的向心力。直到某一天，两个中心的最外围扩展到距离彼此非常近。所以第一个中心最外围的村庄实际上可能距离第二个中心最外围的村庄只有半英里。两个村庄距离非常近，但都保留着原先中心的方言。这就是背对背现象。

相同的情形发生在冲突里。两种意识形态在形成之初可能差异很大。随着时间的推移，两种意识形态都不断发展变化，最终曾经尖锐的两极对立实际上不复存在。两种意识形态的主张实际上非常接近，就像背对背的村庄一样。然而，这种主张上的接近却不容易被看到，因为所有的交流都得要经由最初的中心。基督教各个分支的对立就是这样的情况。

在拆解冲突时，必须牢记"背对背"这个非常普遍的现象。

目标和利益

在第 12 章，我将更深入地讨论目标、利益和价值。这里，我想聚焦在讨论一个特定的目标是如何被选出来的。目标似乎为人们提供了某种好处，于是目标本身成了冲突的焦点，利益却被遗忘了。

1984 年，德国金属制造行业工人进行了一场旷日持久的罢工，工会要求把工作时间从每周 40 小时减少到 35 小时。企业管理层表示反对，他们认为这会影响生产。可见冲突集中在了目标分歧上：一方要求每周工作 35 小时，另一方要求每周工作 40 小时。然而，双方寻求的利益却大不相同：企业管理层不希望产量下降造成不利影响，工会希望获得更多的休息时间（以及通过缩短工作时间来增加就业)。管理层本可以建议这一周工作 40 小时,下一周工作 35 小时,然后比较两周的产量再确定工作时间。管理层还可以邀请工会一起研究如何通过缩短工作时间来增加就业。就工会而言,他们本可以要求任何生产效率的提高都先用于缩短工作时间而不是提高利润。然而,恰恰是"每周工作 35 小时还是 40 小时"这个非常简单而又具体的冲突表述造成了问题。一旦冲突是以这种方式提出的,那么非常缺乏想象力的折中方案(每周 38.5 小时)就不可避免了。而这个方案只是暂时解决了冲突,且为下一轮冲突埋下了伏笔。

因此,把真正的价值和利益与宣称的目标区分开是很重要的。否则,这些公开宣称的目标就可能引发冲突,毕竟这些目标只是实现价值的一条途径。

相互矛盾的愿望

有些无法解决的冲突,是被冲突各方设计出来的。北爱尔兰争端就是这样。如果要让冲突中的一方开心,就必须让另一方不开心,反之亦然,那么这个冲突就是一个矛盾,它的唯一解法就是让双方都不开心,因为让双方都不开心比让双方都开心容易多了。

有必要把这类矛盾梳理清楚并分离出来,这样才能清除它们。根据愿望的定义,一方提出的任何愿望,都不能包含让另一方受损的内容。愿望陈述必须是清晰的、独立的,并以积极的方式表达。

我并不是说这个过程很容易，或者它总能奏效。如果它不能奏效，那就应该尝试其他方法。其他方法包括采取过渡步骤、引进新元素、改变环境、为双方创造优势，等等。

然而，如果有可能以积极的方式重新定义冲突的目标，就可能把无法解决的冲突转变为可能解决的冲突。

感知上的冲突

我已经重复了好几次，看法不同是很多冲突产生的根源。学校开除逃学的男孩，男孩的父母认为这不过是年轻人想要创业的冲动，但是学校认为这是故意违抗学校纪律，是对学校纪律的威胁。

英国人认为阿根廷人占领福克兰群岛是赤裸裸的侵略，必须加以抵抗。阿根廷人则认为，占领马尔维纳斯群岛只是加速了一个不可避免的进程，因为谈判似乎永远不会达成任何结果。这两种观点显然是不相容的，但在各自的立场上看却都是正确的。

一种设计方法是寻求兼顾两种立场。阿根廷的占领可以通过撤军和给予岛民一些补偿来逆转。与此同时，英国需要承诺在一定的时间期限内就这个群岛的未来进行谈判并产出结果。在实践中可以采用以下方式进行：美国可以坚定地站在英国一边，提供全面的军事支持。压倒性的军事力量会让阿根廷明白，抵抗是毫无意义的。作为回报，美国可以坚持要求英国在一定的时间期限内就这个群岛的未来进行严肃的谈判并产出结果。阿根廷人希望在军事上羞辱英国（或者可能抱有这样的想法），所以这个方案会对他们有吸引力。再加上对他们来说，如果是无条件撤军，那么整个行动就是一场彻底的失败。

显然，岛上居民的愿望是必须放在首位的。但是愿望不能存在于真空之中，愿望也得落到具体情境里去。岛民们必须清楚，总有一天，无论英国多么想在军事上保护他们，最终也将无能为力。他们不能指望撒切尔夫人一直掌权，并延续决策风格和行事风格。

共同要素

处理感知上的冲突，另一个方法是基于双方感知中的共同要素做设计。双方重点关注一致的领域，而不是有分歧的领域（前文提到过 ADI 绘图工具：一致、分歧和不相关，见第 3 章"角色互换"小节）。

以逃学男生为例，共同要素可能是：逃学不符合学校纪律，想要创业是积极的个性特质。因此，可能的设计是给予男孩一定的惩罚但不是开除，并为男孩的创业冲动找一个合适的出口。或者班主任可以建议这个男孩转去另一所提供更多创业机会的学校，而不是把他赶走。

感知转变

如果能让感知发生转变，这是所有方法中最有效的。让人们的感知产生实际的转变，这样就能从不同的角度看待事物。这样的转变是创造性的，是有洞察力的，这也是水平思考所寻求的。

在一场常规的罢工里，双方都会显示他们的决心和力量，做法就是卖惨：我们受了这么多苦，我们决不能动摇。这个做法很好，而且确实有效。但是如果重新设计一下呢？仍然保有决心，仍然可以诉苦，但是最终生产不会受到损失。工人继续工作，工资略减。工厂增加的盈利不计入利润。这两部分钱都转去一个特别的第三方托管账户。这个账户里累积的钱可以成为谈判的部分筹码，并根据谈判结果来分配。这样就不会影响生产，也不会失去市场。在这样的设计下，双方都得承受损失，如果觉得损失不够大，那么可以提高转入托管账户的工人工资和工厂收入的比例。这样的设计里有一个明显的矛盾，怎么可能一边罢工一边全面生产呢？我将在后面谈到这个矛盾。

这个设计里的重点是转变人们的感知，让人们看到生产上的损失不符合工人的长期利益。

假设一方看待问题的方式突然转变到与另一方相同，冲突就此宣告消失，这样的假设是不现实的。感知转变的确会发生，但不可能像这样展现出来。所以，要基于感知转变来设计方案，并且在方案中提供一些新的东西。

例如，要让人们认识到，自动化符合而不是损害工人的利益，就要加上一个设计：让工人（通过租赁）实际拥有自动化设备。

子元素

一个基本的设计方法是把冲突的各个成分都摆出来，分解到子元素。孩子在玩乐高积木时，会把积木彻底拆散，再重新构建。在解决冲突时，我们也要检视冲突的所有成分：价值观、目标、立场、渠道、机制、人的个性等，然后构建所需的方案。

例如，在苏联击落韩国客机事件中出现的各种子元素包括：防卫、警告、错误、内疚、冷漠、公众舆论等。苏联的处理方式可以是，重申他们的防空系统非常严密，同样的事情很可能还会发生。然而，他们却接受了对这一事件负有部分责任，并准备给予死者家属一些赔偿，条件是韩国也支付相同的赔偿，因为他们也对这起"军事事故"负有责任。人们在定性这个事件时用的是事故的概念，事故是令人遗憾且应该避免的，事故的发生是因为各种元素碰到了一起（就像一辆汽车没能避开路面上的一摊油）。

在苏联人看来，他们没有犯任何错误，错在飞行员身上。毕竟，如果长途汽车司机在转弯时失误，带着乘客们掉进了山谷，那是长途汽车司机的错。他们还认为，只有故意击落一架载有无辜乘客的飞机，才是没有任何正当理由的。

任何概念、愿望或立场都是由子元素构成的。它们涉及什么？包含哪些元素？为什么会是这样？一旦子元素被梳理出来，就可以设计重新组装它们了。

核心冲突点

人们相信，在解决冲突时应该针对核心冲突点，因为它们是冲突的真正基础。这样的想法很自然，但却是错误的，原因有好几个。

核心冲突点往往只是感知为了工作方便而提取的,根本不是引起冲突的根本原因。因此,针对核心冲突点做的设计,很可能对双方都是无法接受的。

核心冲突点是人们最激烈捍卫的,因为人们视它们为核心。放弃核心就是接受失败,所以攻击核心冲突点,就好比一上来就要生擒敌军的主帅。

另一种方法是不去管核心冲突点,先处理其他的方面。经常会发生这样的情形:到最后,核心冲突点几乎得不到什么支持,可以不声不响地丢开。这种方法似乎是在"回避问题",但其实是要改变冲突存在的环境。

逆向思考

这是最强大的设计方法之一。我们先思考要到达什么样的终点,然后思考什么样的环境条件能够让我们到达这个终点。每想出一个环境条件,就以此为终点再倒退一步思考要产生这个环境条件,又需要怎样的环境条件。就这样一路倒退着想。最终,我们会找到很多个起点,每个起点都能提供一条通向终点的路径。

例如,如果我们的终点是解决缺水问题,那么到达终点的路径可能包括:增加供水、寻找替代品、节约用水、禁止用水。如果我们走"节约用水"的路径,我们发现可以通过以下方式做到:限制供给、定量配给、改变用水习惯、减少设备损耗等。

如果我们选择"改变用水习惯",我们又可以通过以下方式做到:教育、宣传、监控。纽约市在缺水期做到了每天节约9000万加仑⊖的水。这在很大程度上归功于科赫市长在宣传上下的功夫,他经常出现在电视上,动员该市的所有孩子担任"副市长",负责控制家庭用水浪费。

在儿童读物里经常出现三个男孩钓鱼的故事。每根鱼竿上有一根鱼线,三根鱼线缠绕在一起,最后有一根鱼线钓到了一条鱼。这条鱼属于哪个男孩呢?你可以从男孩这头开始找,依次检查每个男孩的鱼线,看哪根鱼线连着鱼。聪明的孩子很快就会发现,如果改从鱼那头开始找,找出幸运男孩更容易。逆向思考的原理大致相同,它是一个强大的方法,但它也确实有一个很大的缺点,就是不知道终点是什么。在创意设计中,我们**不知道**终点是什么样的。如果我们认为自己知道,那么我们不过是要套用常规的方案。

梦想的方案

这是另一种基本的设计方法,它可以为"逆向思考"提供终点,也可以独立使用。

使用这个方法的时候,我们直接跳到终点,构建一个"梦想的方案"。因为是梦想的方案,所以方案里可以包含不合逻辑的部分。更重要的是,方案里还可以包含让冲突不复存在的环境条件。例如,如果我们接受"边缘地带"的概念,那么

⊖ 1加仑 = 0.003 79立方米。

1984年的矿工罢工就不会发生。根据这一概念可以设置：在一个变化的行业里，任何时候都必须保留10%的原有工作，作为边缘地带。如此一来，那些不盈利的矿井就能继续运营，只要它们的数量不超过整体的10%（可以用成本、产量或者其他任何方式计算）。这将为行业提供某种缓冲和可预测性。如果不赚钱的矿井越来越多，那就确实得要关闭一些。

"如果煤炭价格大幅上涨，那么就不会有问题"，这么说可能没有多大用处，因为这就像是在说"如果没有问题，那么就不会有问题"。可以这样说："如果人们知道煤炭的价格会在未来上涨，那么……"这样说能体现环境条件的变化。人们会因为环境条件的变化，想到投资煤炭期货或者投资煤炭大宗商品。

环境条件的变化

这是另一种强大的设计方法。如果环境条件有所改变，那么人们的固有心理预期就有可能改变。在伊朗人质危机期间，我在纽约电视节目上被问到有什么建议。我对此没有准备，只能当场作答。我说，在我看来，伊朗学生劫持人质的主要目的是让美国不高兴。如果美国能"以某种方式"发出信号，表示自己很有耐心，不会因此感到被胁迫，那么扣留人质就会变得没有什么意义。这样的信号会显得非常冷酷，对人质漠不关心（尽管会让他们更早获释）。因此，我建议美国政府每天发给每名人质1000美元，作为遭受不公平囚禁的补偿。人质会知道每天都有些好处，耐心至少能换来一些回报。这一建议被纽约《村声》(Village Voice)杂志报道，并在美国参议院辩论。参议院认为，这样做代价太大，会树立一个先例，影响日后对战俘问题的处理。他们这样想，当然就完全忽略了这个建议的心理意义——发出信号是要改变伊朗学生的心理预期。在那个时候，赔偿总额相当于半架直升机的价格。

假设句

假设句既与梦想方案有关，也与环境条件变化有关。我们可以用假设句测试一个小小的改变："如果情况是这样的……"假设句既可以澄清冲突的基础，也可以帮助设计方案。

我应该指出，我们要测试的，**不是**未来的可能性和情况（测试它们会不会发生），而是导致冲突产生的环境条件能不能有所改变。

"如果矿工能始终作为特殊情况处理……"

那么就没有必要拿他们做测试案例，以此来树立行业规则。

冲突会把人们的感知和思考都锁死。因此有必要引入一些变动的东西，以解锁思维。

障碍、禁忌和假设

设置障碍是常见的谈判策略，一开始就申明某些事项是不可协商的，然后表示很愿意讨论其他事项。我需要在这里说清楚：在使用设计模式的时候，这样做是不被接受的。

> "没有什么东西会被排除在设计考量之外。当我们到了设计方案阶段,如果你愿意,你可以重新提及这些事项。"

从一开始就接受边界和限制,不可能进行设计。设计概要里可以包含一些限制,但是这些限制也将在设计中被考量。总是从外向内打破边界,而不是从一开始就只**在边界内**工作,这是一个基本的设计观。

向上或向下的设计

雕塑家有两种工作方式。

雕塑家可以从一块大理石开始,先雕出大致的轮廓,再刻出局部的细节。同样地,在设计解决冲突的方案时,设计师可以先对结果有个大致的概念,再进入各种细节。

雕塑家也可以先用铁丝做个支架,再往上面加黏土,每次加一小点黏土,最后出来雕塑的全貌。这是组建的方法。每次加上去的部分都必须是合适的。这个过程也像是组装。

用上面两种方法雕塑,雕塑家都有整体的想法。但是用第二种方法,可以让雕塑家随时考量添加什么,如果不合适就可以去掉。

在设计解决冲突的方案时,用组装的方法,可以每次解决一部分问题,然后将所有的部分组装到一起。用"向下"的方法,则是从一张大图开始向下工作,围绕价值观和目标设计出每部分的细节。

核心原则

这是另一种设计方法。在这里,设计师先确立一个"核心原则",然后围绕这个核心原则进行设计。请注意,这个核心原则与核心冲突点是完全不同且不太相关的。核心原则不是用来中和核心冲突点的。

例如,在展望福克兰群岛的未来时,核心原则可能是:

"必须给群岛居民一个有吸引力的选择,这个选择对英国不应该是一种要挟。"

总结

在本章里,我只是讨论了一些设计方法和注意事项。在实践中,设计是激发创意、放飞梦想、转化感知以及综合使用各种方式方法的过程。

我想要强调的是,使用设计方法必须基于对冲突情境的全面探索和绘图(第 3 章里的"思考 -2")。绘图是必不可少的。

正如我在前文提到的,设计工作总是有两个目的,一是必须按照设计的方式开展工作,二是设计结果必须被客户接受。

在为冲突设计出路时,设计的这两个目的变得非常接近,因为冲突各方的价值观、愿望、优先关注点、恐惧等,这些东西本身就是设计成分。所以不需要故意创造一个抽象的东西,然后把它呈现给各方。这就是为什么我在书中强调"三角思维"

的概念。它意味着三方（对立双方和第三方）在一起像一个设计团队那样工作。

让冲突双方都意识到，当他们做设计练习时，辩论模式必须被抛弃，这是最基本的。为了确保这一点，第三方必须在练习中担任某种引导角色。这个角色对应着三角形上方的那个角。要让设计模式产生价值，就必须正确地使用它。

10

为什么争论者在解决冲突时处于最不利的地位

人们很自然地以为，冲突各方应该负责解决冲突。这是他们分内的事，关系到他们自己的利益。无论如何冲突是他们引发的。

不幸的是，卷入争端的各方恰好处于解决争端的最不利的地位。这就造成了一个尴尬的困境，就好像唯一能救落水者的人是一个不会游泳的人，或者唯一想要成为工程师的人却不擅长数学。

只在一种情况下，各方会处于解决争端的最佳地位：单纯使用武力来解决冲突。在其他任何情况下，双方都处于不利地位。

敌对导致的紧张局面

两队人在湍急的河流上比赛拔河。绳子是湿的，所以他们把绳子绑到身体上，这样能更好地抓住绳子。两队人都使上了全力，此时绳子静止不动，因为两边的力量一样大。两队人都很努力，但都没能移动绳子。

两队人都不敢放松，因为一旦放松就会立即被拖入河中。两队人之间没有交流，即使有交流，也不会相信对方。假使一方建议喘口气，另一方只会认为这是诡计。双方敌对，局面紧张。

两家软饮料公司都花费巨资为自己的饮料做广告。两家公司都清楚，这样的巨额支出不会带来市场的扩大，但是它们都不敢削减这项支出，因为只要有丝毫的削减，对方公司就可能立即抢走市场份额，而夺回市场份额的代价是极其高昂的。双方敌对，局面紧张。尽管双方都意识到这是在浪费金钱和精力，却都一刻也不敢放松。

军备竞赛也是这样一个例子。

冲突的普遍特征就是双方敌对、局面紧张，始终有压力。军事指挥官一刻都不敢大意，否则敌人就会进攻。拳击手一刻也不敢放松防御。

由于双方敌对、局面紧张，所以各方都难以开展设计过程所必需的探索性的、创造性的思考。设计方案需要彼此交流和交换，这实在难以做到，因为此时的基本原则是，除非被迫放弃，否则什么都不能给出去。

这种不幸的情况，与相关人员的善意——或是他们的理智——无关。站在这些人的个人逻辑空间里看，他们所做的是非常明智的。他们的行为是形势所迫。两边的拔河队员可能都非常想停下来喝杯啤酒，到河边钓鱼。

保密、猜疑和不信任

双方敌对、局面紧张的直接产物就是保密、猜疑和不信任。我们可以想象一边的拔河队长朝河对岸大喊：

"我数到三，然后喊停。在那一刻，我们都松手。"

另一边会怀疑，如果在数到三的时候松手，可能会即刻掉进河里。

"对方为了增加优势，随时都会做些什么事情出来"，人们这样想很自然。在敌对的背景和紧张的情绪之下，人们对任何行为的感知，都会是这样的。

对决中的骑士精神和拳击中的昆斯伯里规则都一去不复返了。两者都是要体现公平，前者是在求爱中，后者是在战争中。

福克兰群岛陷入战争，联合国秘书长、秘鲁总统、亚历山大·黑格等人都竭尽全力进行谈判。在谈判中，英国政府非常清楚，随着时间流逝，南大西洋的冬天将会来临。天气将变得糟糕，海军入侵群岛会变得异常困难。因此，无论英国的谈判意图多么真诚，人们总是怀疑它，怀疑它是要获得军事优势。只要人们这样怀疑，事实怎样并不重要。

心理战是人们在冲突中必然会采取的行动。第二次世界大战期间，德国人被误导，以为盟军会在别处登陆，不会在诺曼底登陆。这个消息失误导致他们在错误的地方集结军队。它挽救了很多人的生命。

保密一直是外交和谈判中的重点事项，保密自身也构成冲突的一部分，这一点也不奇怪。没有保密就不会有欺骗，也不会有虚张声势。

我之前提到过，我们**把冲突模式带入了我们对冲突的思考**，我们应对此负疚。我们在思考冲突时，就跟在战场上打仗没有什么两样。所以，我们才会觉得保密和虚张声势那么重要。

一位著名的实业家刚刚完成了对某公司的收购，这个交易做得非常漂亮，他告诉我说：

> "我非常需要那家公司。即使他们开出两倍的价格，我也会买。但是他们没有，所以我买得很划算。"

保密是谈判的正常组成部分，这难道令人惊讶吗？如果这位实业家透漏了他能出的最高价，他将不得不为这笔交易付出双倍的价钱。如果玩扑克的人把牌都亮在桌子上，那还玩什么呢？如果每个人手上的牌在开始时都要亮出来，那么打桥牌还有什么意思呢？然而，国际象棋棋盘上的棋子却是明明白白摆在那里的。传统上，苏联人下国际象棋，美国人打桥牌和玩扑克，这里面有什么含义吗？

如果一方知道要准备在谈判中放弃一些东西，那么它不会想要"无偿"地放弃这些东西。它一定会开出最高价，要求对方补偿。

我们认为这种保密是理所当然的,因为它是我们当前解决冲突的思维模式的重要组成部分。没有保密,我们就无法运用现在的模式。然而,在新的"设计模式"里,信息会开放得多,愿望和恐惧都会得到陈述,并成为设计成分。卷入冲突的各方显然不会相互袒露这些信息,所以我们需要第三方在过程中发挥重要作用。

缺乏沟通

保密当然就是缺乏沟通。但我在这里想讨论的是,冲突各方之间缺乏沟通渠道的情形。

从 1982 年福克兰群岛的对峙结束到 1984 年 6 月,英国政府和阿根廷政府之间没有进行过直接接触。这是孩子气的荒谬行为。在后面的章节里,我将讨论发生在国家之间的、像青少年一样的荒谬行为:生闷气、动怒、冷淡、互不搭理,等等。

同样荒谬的是,交战国家**在整个战争期间**会中断对话。

我将在本书后面部分描述的这个组织(SITO:超国家独立思考组织)其作用之一是为冲突各方提供一个平台,让他们得以开展持续的沟通——基于日常的、面对面的沟通。

我不想在这里深入讨论这些事情。我只想指出,在传统上,冲突各方之间往往缺乏直接的沟通。这是必须有第三方存在的另一个原因。

表明立场

在过去的战争中,指挥官们用插战旗的方法来标识阵地。

飘扬的战旗向所有人宣称阵地归谁所有。战旗显示着部队每一刻攻占的阵地，显示着部队的战绩。战旗有心理上的价值，士兵们看到战旗就知道正在发生什么。战旗还有一个实用价值，就是把分散的部队聚合起来，战旗将指示在哪里集合和在哪里防御。

在现代争端中，同样的情形也在发生。领导人需要向支持者们传达正在发生的事情，传达方式是使用旗帜鲜明的标语。要详细描述实际发生的情况几乎是不可能的，不如使用几句干脆利落的标语。英国矿工领袖阿瑟·斯卡吉尔（Arthur Scargill）宣称："不会关闭一个矿井。"苏联宣称："在撤回巡航导弹之前，不进行任何裁军谈判。"这就是传统的表明立场的做法。标语既表明了当前的状况，也表明了要捍卫的立场。

不幸的是，这种公开表明的立场和鲜明的态度是极难撤回的。谈判者总是"把自己谈入死角"，因为他们需要体现出战斗正在进行。

在很多其他领域也存在着沟通的困境。这种困境源于需要同时与两个不同的群体进行沟通。

一家公司在年度报告里充分展示了业务进展有多么顺利。为了保持投资者的信心，保持股票的市值，保持企业的信用评级以便容易地贷到款，这么做是绝对必要的。的确，一家公司需要筹集的资金越多，它向投资者展示的前景就越美丽。当然，工人和工会的领导也会阅读年度报告。如果情况如此乐观，那么这次不会再推迟涨工资了吧？然而，涨工资的要求对本已资金短缺的企业却是雪上加霜。由于两类人都不可避免地会看到公司年报，因此不可能向投资者表明一切都好，而向工人表明情况如此糟糕以至于他们必须勒紧裤腰带。

在冲突中会发生同样的情况。领导者必须表明自己的立场以获得追随者的支持，而强硬的立场旋即使谈判变得困难。国家间的骂战，也有部分是这样的情况。为了赢得国内支持者，领导人不得不表现出好战的样子。与此同时，他很可能希望舆论降温，以便顾及与外国势力的关系。于是他不得不一边出言不逊，一边又要以某种方式传达这样的信息：这些言论只供"国内消费"。现代通信技术的发达，让这样做越来越困难。只打算对一群政治支持者说的话一旦说出来，地球人马上都知道了。

因为人们在表达立场时总会配上"永不屈服""誓死抵抗""决不动摇"等激烈的言辞，所以卷入争端的各方从未转换到最佳位置，去探索调整立场的可能性，而这种探索正是为冲突设计出路所必需的。

公开表明立场还有另外一个问题，就是"走过场"。在工会谈判中经常会发生"走过场"的情况：双方都很精明，经验足够丰富，完全清楚谈判的结果，只需要一次谈判就能达成协议。但在大多数国家（日本除外）却不能这么做。符合传统的做法是：走过场。必须提出过分的要求，必须威胁对方，必须中断谈判，等等。做这么多动作有两个原因。

第一个原因是，如果不走过场，工人们就不会相信工会领导是尽职尽责的。他们会被视为是软弱无能、容易妥协的。下次选举时,如此"软弱"的领导会被强硬的人替代。

第二个原因是,除非工会领导每次都施加最大的压力,否则他们自己都不知道有没有占到最大的便宜。这就像实业家能低价收购公司是因为对方没有开出高价。所以总是存在一个好的价格和"可能的最大压力"。如果人们看到你向对方施加了可能的最大压力,那么你就能向你的支持者(还有你自己)表明,你达成了最佳交易。不然,你能怎么表明你尽力了呢?

标签

在本书中,我多次提到语言和标签的问题。在这里,我要谈的是侮辱性标签。

如果对方是"敌人"或者是"邪恶的人",那么开展建设性对话就比较困难了。如果对方是"恶霸""侵略者"或者"独裁者",那么即使是与对方谈判也会被视为某种投降。

这样的标签能为某些事业带来支持,能提升这些事业的正义性,所以人们很需要它们。这样的标签还能让演讲激动人心。这样的标签备受媒体的青睐,被极富想象力地安插在各式各样的巧妙标题里。

于是我们陷入"公众消费"困境和"谈判消费"困境,后者我在前面刚提到过。

使用这样的侮辱性标签,背后还有一个目的,我们应该记住它。这个目的就是设定谈判的"气氛"。我在前面的章节里讲过，强硬的或是顽固的情绪实际上会改变对手在思考时想到的概念。换句话说，"恫吓"对手是有充分理由的。

享受

冲突和危机有一种诱惑力，能给人一种快乐。政客们通常都喜欢危机。冲突还有一个用处，就是通过指认一个外部敌人（或者内部敌人，例如纳粹德国指认的是犹太人），一个不受欢迎的政权能赢得民众支持，能将纷争的各个派系聚拢在自己麾下。

一场危机或是一场冲突会让政治家们有事可想。很多政治家都是"反应式"思考者。他们更乐于对某事做出反应，而不是主动采取富有想象力的行动来改良社会。他们根本就没有创造力，他们也不是设计师。此外，主动采取任何行动都是有风险的，因为可能没有效果，因为可能会让很多人失望，即使可能会让同样多的人受益。反应式思考就安全多了。你就是做你被迫做的事。无论你做什么——甚至只是活下来——都是巨大的成就。在某一点上"不让步"，也是一种胜利。

由于冲突的这种诱惑力和政治用途，冲突各方可能没有很高的积极性去解决冲突。他们不会去寻求创造性的方案，因为他们担心方案一旦公开，冲突就会难以继续下去。如果方案是显而易见的，那就很难假装它不存在。

两指打字

在这个世界上有很多技巧娴熟、经验丰富的谈判者，他们在工会、政府、外交机构、联合国和律师事务所等单位工作。毫无疑问，他们比其他人更适合解决冲突。在冲突各方组建的谈判队伍里，有经验的谈判者当然是与对手直接谈判解决冲突的最佳人选。

然而，事实并非如此。

忙碌的记者一生中大部分时间都在打字。他们对大键盘和小键盘都了如指掌。但他们中的很多人一辈子都**只用两个食指打字**。一名初级办公文员只有几个月的工作经验，却能掌握用所有手指打字的技巧。跟这名文员相比，记者们在键盘上东敲一下西敲一下的打字方式，真是效率极低。

糟糕的技能用得再熟练，也没法变成优秀的技能。哪怕是经年累月地操练，糟糕的技能还是糟糕的技能。

网球运动员或高尔夫球手可能在姿势上有某个习惯性的错误，自己完全无法矫正。这时就需要一位教练过来指出错误，并着手纠正。如果不纠正错误，训练越刻苦，错误只会越固着。

因此，哪怕人们的经验再丰富，谈判技巧再纯熟，辩论技巧再高明，由于这些技能都属于旧有的辩论模式，人们都不具备设计模式所需的技能。人们的设计技巧和经验都不足。

我们得要清楚，一个人经历过某个情境可能会对这个情境变得敏感，但不一定能掌握应对这个情境的最佳做法。要掌握救助溺水者的方法，在医学院接受半个小时的培训，可能比去海边听没受过培训但干了20年救生工作的人讲解更有效。

把经验等同于技能是致命的错误。认为一项技能只要被使用就一定是正确的技能，是致命的错误。记住两指打字员这个比喻是很有用的。

所有那些在旧有的解决冲突的思维模式里练就技能的人，都不应该假设旧有的思维模式是解决冲突的唯一的或最佳的方式——旧有的思维模式是冲突的延展。如果我们满足于让那些人去解决冲突，那么他们势必会做出上述假设。我们会把自己永远困在一个已经被证明不够好的模式里。

外部视角

我们现在要探讨卷入冲突的各方可能处于解决冲突的最不利地位的最后一个原因。它与感知有关。

在前面的章节里我提到过，哪怕是使用科学方法，一旦形成某个"最合理"的假设，人们就很难换到其他角度看待证据。这是因为感知是一个自组织系统。证据不是中立地放置在被动的信息处理界面上，而是存在于主动的自组织感知系统环境中。

在冲突中情况也是如此。各方都有自己的立场，这个立场会支配各方的感知，各方会把情境要素以支持自己立场的方式组织起来。这些情境要素无法被设计进一个新的结构，因为跟已经确定的立场比，新的结构一看就不够好。出现这样的情况，不是当事人的错，不是他们偏执狭隘。这是由自组织样式系统的逻辑决定的。

从感性意义上说，你不能靠拎自己的鞋带把自己拎起来。

稍后，在我具体讨论解决冲突的第三方角色时，我将回到这一点。这是一个要点。

还有一个不同但相关的点。如果你陷入一种情境太深，你会很难**看到全局**，或者很难**看透这个情境**。这是卷入冲突的各方处于解决冲突的最不利位置的另一个原因。当你行进在一条道路上时，你可能没法像坐在直升机上那样勘察其他道路。

总结

我在本章中试图说明的是，卷入冲突的各方实际上可能处于解决冲突的最不利地位——除非靠武力解决冲突。我想强调的是，我并不认为这是源于冲突各方的恶意或贪欲。这是由冲突情境决定的，在冲突情境下，没有其他可能。期望一名战士表现出对敌人的高度坦诚和完全信任，这样的期望是愚蠢的。

确实，有些思维习惯和行为习惯（比如互相辱骂）并不是绝对必要的，它们还会让解决冲突变得更加困难。通过提升思维技巧和摆脱最坏的习惯，我们将能有所改善。然而，由于冲突各方身陷冲突，在其中有切身利益得失，各方的思维无法达到解决冲突所需的境界。

卷入争端的各方在思维境界上的必然不足，造成了一种困境。各方会很自然地把解决争端看作他们之间的事。然而，当今世界如此复杂，每件事都影响着很多事，一场争端很难只是一些人的事，它往往会对周围所有人产生有害的影响。尽管如此，那些争吵的人只会觉得吵出个什么名堂是他们之间的事。他们这样觉得，是因为人们认为吵出名堂是基于"实力较量"的，其他人的介入会不公正地改变实力对比。因此，冲突各方虽然无法自己设计出解决冲突的方案，却也不情愿让其他人参与进来。这样的不情愿是一种危险的傲慢，因为要运用设计方法，必须有"三角思维"和第三方的参与，原因我已经在本章做了详细说明。

11

连 贯 性

在这一章里，我将探讨连贯性的危险，说明我们是如何被经验的连贯性禁锢的，我们个人、我们的文化和我们国家的过去，都是构建在这些经验之上的。我们的过去不是放置在图书馆书架上的图书系列，供我们在闲暇时翻阅，从历史中汲取教训。我们的过去是我们的语言、概念、思维习惯、态度和社会结构。我在本书的多个地方提到，我们的语言在积累和记录我们的文化时使用的方式是危险的：因为它会迫使我们遵循那些不再行之有效的概念。语言是无知的百科全书。一个概念在进入语言时，人们对它知之甚少。之后，人们又用几个词语把它完全固定下来。

由于我要描述的是连贯性的危险，所以我必须在开篇就澄清，连贯性也是有很多益处的。这个道理很简单，没有连贯性，就不会有生命和文明。如果模式不能生成和固化，感知机制就不可能运作，同理，如果行为不能形成模式，生产生活也难以组织开展。在这两个例子里，只要我们认可模式化的巨大价值，我们就能探讨模式僵化的危险。

如果不把协议当回事，承诺也可以说了不算，那么外交就进行不下去了。由于任何协议都是关于未来将要发生（或不要发生）的事，所以一定需要有连贯性。在现今解决冲突的思维里，人们倾向于讨论"新情况"，这个倾向很令人不安。

日本人从澳大利亚进口糖，签订了一份非常优惠的长期合同。然后糖的价格大幅下降，日本人拿到的价格本来是市场价格的一半，现在却变成了市场价格的两倍。日本人拒绝履行合同，并提出由于出现了"新情况"，合同需要重新谈。他们表示，在日本文化里，只有在双方都得利的情况下才会谈生意签合同，如果情况发生变化，合同就得变更。然而，澳大利亚政府可不这样想。

当阿根廷阿方辛政府取代军政府时，有些人士提出废除前政权所欠的巨额债务。俄国红色革命政权拒绝承认倒台的沙皇政府发行的债券。

如果一方以出现"新情况"为由，取消之前所做的任何承诺，那么债务、承诺和协议显然都会变成一纸空文。在谈判中，一方可以先给出一个条件，再以出现了"新情况"为由，把那个条件撤回。

在以往的外交中，一个国家必须信守诺言，否则会失去国家信誉。这相当于一个国家失去在银行的信用评级。其他国家都不会愿意和那个国家打交道。今天，多了很多务实的宽容，人们也觉得应该给新政权重新开始的权利。

苏联外交部具有非凡的连贯性。一任外交官可能会在西德连续驻扎二三十年，他对相关情况了如指掌。与此相比，美国的政治和外交事务完全缺乏连贯性，在美国，只要政府换届，派往重要国家的大使就会换人，而换上来的人可能根本没有外交经验，更不用说跟派驻国家打交道的经验了。一方面，苏联的连贯性让他们在经验和洞察上积累了巨大优势。另一方面，这种连贯性也可能固化一个人的思维。连贯性既有优点，也有缺点。

在这一章，我要说明连贯性的缺点。

时时刻刻

在第 10 章里，我写到了"敌对导致的紧张局面"，并用两队拔河队员做了比喻，两队拔河队员都不敢有片刻的松懈。在北爱尔兰，所有的政党也都不敢有片刻的松懈，他们必须时时刻刻都表现对其他政党的敌意，因为一旦松懈就会立即遭到支持者的谴责，被支持者质疑变得"软弱"。

无论解决何种冲突，对上述局面的处理都很重要。什么时候能"破局"？怎样才能让一方放弃一个强硬的立场？用一个同样有利的立场来替换是有可能的，单纯放弃却做不到。所以要让冲突各方放下立场，以便开始探索和设计出路，是非常困难的。

"我被锁死了。我能怎么办呢?"

这是所有谈判者都会有的心声。

解决办法是让第三方(用三角思维)打破连贯性,而让各方感觉仍然守护着自己的立场。

优势

"优势效应"是我在《乐观的未来》一书里引入的概念。它的意思是,可能存在一个美好的目的地,但是如果我们不能朝着目的地迈出第一步,那么目的地的美好对我们就毫无意义。优势效应正是从连贯性里推导出来的。

在商业世界里,一个投资在最初"现金流为负"是很常见的。它意味着一个投资在开始赚到钱之前需要大量的资金投入。它说明人们对一个投资在起步阶段不赚钱是有预期的。但是换到任何其他情境,最初现金流为负的概念都派不上用场。任何提议都必须即刻就有吸引力。一个"最初现金流为负"的提议,即使它的最终价值被领导人看到,要说服追随者,也得费上很大一番功夫。

还有"木楔破石"和"多米诺效应"这两个词语。这两个词语都暗示着,一些小的让步实际上是很严重的,因为它们必定会导致更大的让步。一旦第一步就后退了,那么后续只会退得更多,止都止不住。这样的词语使得采用"最初现金流为负"的提议更加困难。

革命党始终认为革命才是关键,因为人们永远不愿采取小步过渡来让社会变得更加公平。无论多小的一步，都会被当局者视为是负面的，并被强烈抵制。所以，和平的改革一直难以发生。

过渡步骤

大家都清楚，在为冲突设计出路时，需要非常关注过渡步骤的设计。不仅要设计一个令人满意的结果，还要设计到达这个结果的每一个步骤，其中第一个步骤最为重要。设计过渡步骤可能是设计工作中最重要的部分，因为要用这些步骤来打破连贯性。

第一个步骤不应该有消极的方面，这一点非常重要。如果第一个步骤就能产生积极的吸引力，那就太有价值了。

一个钢球停在一个平面上，你可以用手指推它向前滚。如果这个平面是海绵垫子，那么你不碰钢球都可以让它向前滚，你只要用手指把钢球前面的海绵压下去就行了，钢球会自动往低洼的地方滚。所以，通过在钢球前面创造一个"有吸引力"的地带，你可以让钢球滚到任何地方去。这就是具有吸引力的过渡步骤的价值。向被解雇的工人支付诱人的遣散费即是一个例子。

当时的条件

以上我们说明了连贯性造成的短期局面，接下来我们探讨连贯性带来的长期影响。

很多民主国家实行"代表"制度。在选举中,选民们把选票投给将在议会或国会上代表他们的某个人。这个人的思考、交谈和表决,都代表他们。民主的真正基础却取决于当时的条件。在信息传递困难的日子里,待在家乡的人们明显需要派一个人长途跋涉到权力中心去代表他们发言。今天,我们拥有卓越的通信系统。

这里要说的是,现代技术一定会让"直接民主"成为可能,人们将能直接就议题进行投票,而无须通过选出来的代表。瑞士在某种程度上就是这样做的,瑞士的每个州都很小,这让每个州都能在所有可能的议题上直接公投。当然,这样做会让民主的"领导"品质失色,因为这意味着被选出来的代表不仅得要反映选民们的意见,还得要把选民们的意见拔高(这只是希望)。

很多事情以某种方式进行,是因为当时的条件和技术决定了它们只能以这样的方式进行。连贯性却使得事情一直以同样的方式进行,即使这种方式不再是必要的了。

防倒转的齿轮

曾经铁路机车还是蒸汽机车,蒸汽机车上需要司炉工,司炉工的工作是站在踏板上往锅炉里添煤。司炉工的人数由工会和管理人员协商决定。后来,电力机车出现了,不再需要司炉工了。但是工会为了保住工作岗位,仍然坚持要有相同数量的司炉工。同样的事情也发生在伦敦的福利特街。随着印刷技术的进步,印刷厂不再需要那么多工人了。工会为了保住工作岗位，不得不保有幽灵工人——这些工人的岗位已经不复存在，却照样上班拿工资。站在工会谈判代表的个人逻辑空间里看，他们这样做是完全合理的。上面这些都是死守当时条件的例子。

防倒转的齿轮要描述的是，我们可能非常愿意"向上升一级"，但是我们一旦向上升了一级，就极不情愿再向下降一级回到原地。我们对生活水平的期待就是这样的。收入的增加带来生活水平的提高，新的生活水平很快成为标准。任何降低这一标准的企图都会遭到强烈反对。

临时提供的好处，日后要收回，就没那么容易了。因为工作表现好而时常拿到奖金，就会把奖金当作固定工资的一部分。

这里的重点是，即使人们对某样东西根本没有权利，他们在放弃这样东西的时候，也会大动干戈。在思考解决冲突时，这是一个重要的考虑点。

一个习惯让同事搭车一同去上班的工人发现，不再让对方搭车时，自己就多了一个敌人。

清零

每一次前进都是从当下的位置出发。商业公司很容易迷失方向：公司成立的目的是要满足某个市场需求，但是当公司发展到一定规模时，它的功能就不再与市场需求相关了，而是与它当前的组织形态相关。

如果公司已经设置了高管餐厅，那么公司的预算里就会有给这个餐厅的拨款。"清零"预算的概念是，没有什么是理所当然的。基数应该清零。所以，要做的不是计算高管餐厅所需的预算，而是检讨设置这个餐厅是否必要。"清零"的概念非常好，但是在实践中，往往大多数现有结构会得到相当程度的庇护，这就是连贯性在起作用。

尽管我们可能很想清零，我们目前所处的位置却在很大程度上决定了我们的下一步。这在冲突情境中是很明显的，人们想要擦干净白板，忘掉过去，探讨冲突的基本面，这样的意图很吸引人，却很难实现。

我想对语言和由语言构建的概念做一些清零的思考，但这不可能做到，也很难指望对各种社会制度和社会结构做清零思考。

门徒传承

天主教会认为新教主教不是真正的主教，因为"门徒传承"在新教已经不复存在了。按照天主教会的教义，主教由耶稣的门徒彼得任命，被任命的主教再任命主教，这样传承下去，才是正统。当不同的教派从罗马分裂出去时，传承就中断了，分裂出去的教派不具有"门徒传承"的连贯性。

在实践中，门徒传承意味着人们在组织里投票时，总是会把票投给自己人。被选出来的人也会继续这么做。于是组织的文化就永久固化了。这在大学里司空见惯。公共服务机构和官僚机构也大抵如此。媒体也不例外。

它同样发生在政党里，因为被选出来的人总是那些最能反映现有思想和现有态度的人。

在冲突情境中,这意味着参与解决冲突的人,很有可能是那些以旧有的、传统的思维模式思考问题的人。在像联合国这样的组织里,这意味着工作人员最有可能按照组织的传统思维模式来思考。如此一来,冲突和组织都更加固化在它们的原有模式里。

上位

上位由两部曲组成。为了促进某项活动,一个机构被设立。这个机构很好地执行了自己的职能,渐渐变得强大。之后,这个机构就不再只是为这项活动提供便利了,它实际上变成了决定这项活动怎么开展的主导机构。

银行体系是一个极佳的例子。金匠有办法储藏和保护黄金,于是人们都把黄金托付给金匠。托付凭证是"所有权证书",这张证书可以用来抵偿债务。只要人们都知道,有黄金压在那里可以兑付,信贷就得以扩张,资本也被创造出来。让这一切成为可能的是银行系统。最终,银行取得主导地位,现在很多金融活动的实质都是银行决定的。

学校体系为了顺利开展与考试相关的工作,设立了考试委员会。时隔不久,考试委员会就变成了一个强大的权力机构,现在可是考试委员会对学校发号施令了。

为解决冲突而成立的代表机构,最终走向集权化,演变成权力核心和权力联盟,最后只会加剧冲突。

忽视

过去有大约 40 年时间，汽车驾驶员想要转弯时需要用指示臂，指示臂是安装在汽车侧面的、专门用来示意转弯方向的装置。使用指示臂的效果非常差，因为从很多角度都看不到它们，它们还常常会卡住伸不开或者碰到其他车辆被折断。事实上，指示臂是马车夫用鞭子指示方向，以及早期敞开式汽车司机靠伸胳膊来示意方向的翻版。

直到 40 年后，才改用了效果好得多的闪光灯系统，而这项技术在 40 年前就是可行的。

我们是如此倾向于"解决问题"，以至于如果某件事还不够成为一个问题，那就没时间对它进行思考。有些事一直未被挑战，只是因为没有人想到要去挑战它。

自满

这种类型的连贯性与"视而不见"有关，它往往发生在过去运作良好的概念上。我们相信一个屡试不爽的概念是绝对正确的。当它不再行之有效时，我们不会对它是否继续适用提出质疑。相反，我们会把责任归咎于特殊情况、干扰因素、相关人员的错误态度或能力缺失。我们不会去挑战概念本身。我们认为，由于它在过去是有效的，所以它不可能有任何错误。

我认为，我们对我们的思维方式和我们建立的很多制度都极为自满。由于它们在过去运行良好，我们就倾向于认为，制度本身不会有任何缺陷，缺陷都在执行制度的方式上。我认为这种想法是完全错误的，我在本书里反复指出过这个错误。

我将在后文指出，我认为联合国就是这样一个例子。由于我们对联合国感到满意，我们可能忽略了建立另一个组织的必要，而这个组织的设计要优于联合国，能更好地服务于解决冲突。

时间顺序

在某种程度上，时间顺序概括了连贯性的所有方面。万物应时而发。在一个特定的时间点，一组特定的事物聚合到一起，形成一个特定的结构或概念。它一旦形成，就可以添加更多的东西上去。但是，它的内在元素却不再能换一种方式组合在一起。

我们为什么总是在医院里照护病人？因为在中世纪，社会上最有爱心的团体是宗教团体，宗教团体由僧侣和修女组成，他们住在封闭的社区里。要治疗病人，自然就得把病人送到那些社区里去。由此，医院的结构和概念被发展出来并延续到现在，主导着我们的医疗服务理念。将昂贵的设备和高度专业的护理集中在一起是有好处的，但是没有理由认为，大约 80% 的医疗服务由医院提供是最佳途径，这部分服务由分散的小单位提供可能更好。

同样，我们关于战争和冲突的很多概念也是由历史的特定顺序决定的。我们的冲突概念，差不多就是一个国王带领他的勇士冲入战场。我们不认为在解决冲突时需要关注各方的共同点。我们也不认为需要寻求让哪怕一方的所有人满意的方案。我们认为可以为不同的派系甚至不同的谈判小组准备不同的方案。

我在教学时经常会发给学员一些形状各异的卡片，让他们把这些卡片拼到一起，拼出一个简单的图形。他们会拼出一个长方形。我接着再发给他们一些卡片。他们会把这些卡片拼在长方形的外围，拼出一个更大的长方形。我继续发给他们一些卡片，这下出现问题了。他们把新拿到的卡片继续拼在长方形的外围，却怎么也拼不出更大的长方形了。

前进的唯一方法是倒退，把原本"正确"的长方形拆散，让所有的卡片可以重新自由组合。这样能拼出一个简单的正方形。

这个教学活动要说明的原则很简单：元素会被囚禁在特定的结构里，需要把它们释放，才能加入新的元素并构建一个更好的结构。

不管我们喜欢与否，我们必须承认，我们极难逃脱连贯性的陷阱。我们可以用一条格言来警示：

"没有一个概念能充分利用它的所有元素。"

这是因为各种元素的到来有时间先后，概念的形成有时间顺序。然而，最好的元素组合应该是独立于时间的——就好像所有元素都同时出现。实际上，所有元素不可能同时出现，如果它们同时出现，我们是没法理解的。

理解上述格言，对激发创造力非常重要。它意味着，把禁锢在概念和结构中的元素释放出来，能产生更好且更有针对性的设计。

总结

我们的思维习惯让我们相信，如果我们每一步都小心谨慎、"正确无误"，我们就一定会取得进步。

但这是一个谬论。上述对连贯性的思考表明，为了向前进，我们实际上可能不得不倒退，并打破一个曾经有效的概念或结构。如果我们拒绝走这条路，那就是把革命作为唯一可行的改变路径，也就是选择了冲突和辩证对抗。

不幸的是，在冲突中总是见到固定的概念、固定的结构和固定的立场。敌对的紧张局面创造出一种时时刻刻的、无法打破的连贯性。

对于任何一个参与解决冲突的人来说，对连贯性的逻辑和机制有一个很好的理解，是绝对必要的。

我们需要知道我们是如何被连贯性困住的——毕竟，我们不希望也不应受困。对于连贯性这个陷阱，如果我们聪明地知道我们如何身在其中，我们就不会受困。

12

目标、利益和价值

　　目标是你出发要去到的地方,它是你努力的方向。目标可以被定义。你相信自己能够达成某个目标(事实上,你可能达成,也可能达不成),为了达成这个目标,你采取有益的步骤和有助于推进的行动。你还可能在通往最终目标的路径上设立子目标。

　　利益是你实现目标后会获得的东西。它对你产生有利的影响。利益是好东西,因为它会带给你某种价值。利益可以客观地衡量,价值却不能。你设定目标的原因是你相信一旦达成目标就能获得利益。利益并不总是需要去争取。利益可以被授予,甚至还可能撞大运撞到。

　　价值是由利益传递的。价值反映人们看待事物的方式。独自待在荒岛上的小屋里,有人会喜欢那里平静、天然的环境,也有人会厌恶那里的枯燥无聊。在军队服役,有的人会喜欢军队生活的规律性和可预测性,也有人会觉得这样的生活充满压迫和限制。价值就像美一样,不同的人所见不同;价值也分类型,有一些价值大多数人都看得到,另一些价值就不那么显而易见,需要用特殊的方式去看,才会突然显现出来。在新西兰举行的一次高管会议上,与会的所有高管都抱怨政府对行业的管控过于严格。只有一个人例外,他对政府的限制持欢迎态度,因为这很好地遏制了他的竞争对手。价值跟需求分不开。在你饥饿时,食物特别宝贵。在你失去自由时,自由特别宝贵。

我们倾向于从侵略者和受害者的角度来看待冲突。侵略者是挑起冲突的一方。我们倾向于认为侵略者要达到某个目标,而受害者的目标就是要抵制侵略者。只要是侵略者,就必定是错误的,就必须抵制他——这样看待冲突,过于简化和道德化。虽然侵略者的目标是要给自己带来某种好处,但是,也许他的目标并不会对受害者不利,也许侵略者的目标还能给"受害者"带来某种好处。也许,可以找到一条路,让侵略者和受害者的利益协调一致。无论如何,我们不应该只看到"侵略者"这个简单的标签,我们需要看得更远。我们也不应该只看到最初提出来的目标。也许还找得到其他路径,可以获得相同的利益。

当我们脱离侵略者/受害者模式时,我们会发现真正的利益冲突。双方想要的东西互不相容。镇上有一半人希望引进橡胶厂来提供就业机会。另一半人不希望臭气熏天的工厂搬进来,因为那会破坏环境。目标层面的冲突是:引进工厂还是不引进工厂。利益层面的冲突是:增加就业还是增加空气中的气味。

最终的价值层面的冲突是：就业重要还是环境重要。然而，也许，能找到一种方法让橡胶厂没有臭味。也许，能引进其他类型的工厂来提供就业。也许，主要的反对者能被邀请成为工厂的股东，持有特殊的"损失补偿股份"。也许，工厂能建在离市区稍远一点的地方并提供通勤支持。

一个基本的设计技巧是脱离明显的冲突点，对冲突情境做各种调整，探索里面的利益和价值。

创造利益需要对冲突情境做一些实际的调整。创造价值可能只需要调整感知。

例如，反对建厂的人的一个隐含的价值考虑可能是担心工厂会给这个地区带来气味，导致他们的房屋价格下降。但是换一个角度看，如果建厂，这个地区的就业就会增加，对房屋的需求就会增加，反倒是失业会让房屋卖不出去。

时间刻度

骗子总是鼓吹在未来交付的价值。骗子吹得越大，人们越相信价值最终会交付。人们愿意去相信，所以就相信了。

呈现未来价值是为冲突设计出路的重要环节。各方都需要确保自己不会落在下风。各方都需要相信，虽然眼前的利益不多，但将来有机会获得更多的利益。德国金属行业工人工会签署协议，每周工作38.5小时，但协议里还包含一个条件，各个工厂可以在未来自行安排。工会因此能够采用渐进的策略，先让那些负担得起的工厂缩短每周工作时间，再让其他工厂跟进。

改变一项原则,可能不会带来立竿见影的利益,却能提供未来价值。

任何投资都是以当下的现金损失来换取未来的现金增长。在冲突情境中,如果各方对未来的信心不同,那么就有可能用一方的未来价值换取另一方的当下价值。可以通过将利益条款写入协议来确保这些价值的交付。仅仅给予各方希望,让各方相信有未来价值是不够的,必须设置某种形式的利益条款。例如,公司股票期权是实在的利益,但是公司股票的未来涨幅不是。

利益分期,就是利益将分阶段兑现。利益虽然分期,但却是被承诺的,没有什么风险。当然,环境可能会发生变化,导致利益兑现时获得的价值也发生变化。将货币价值与指数挂钩,可以保护货币价值不受通胀影响,但还会发生其他环境变化。

带条件的利益条款

如果"某个情形"出现,那么"另一个情形"也会出现。带条件的利益条款可以用来减少恐惧。如果机场流量达到一定水平,就实施宵禁。在设计冲突出路时,要减少所有可能的恐惧是不现实的,而且代价太大。带条件的条款在这里很有用。

还有一类带条件的条款,典型代表就是绩效协议,规定如果业绩达到一定水平就能得到奖励。这类条款能保护一方不受另一方空头承诺的侵害,同时能确保付出的特别努力获得奖励。

利益匹配

这像是一种拍卖，各方交换善意。一方提出做某件事，条件是另一方也这么做。从某种意义上说，这属于带条件的利益条款，但唯一的条件是，另一方愿意以类似的方式行事：我们不会就此事发表声明，条件是你们也不发表声明；我们将释放我们手中的囚犯，条件是你们也释放你们手中的囚犯。拍卖的重点在于，一方的出价是否能够高过另一方。我们能做到这个地步，你们也能做到这个地步吗？在我看来，拍卖的方式在冲突解决中没有得到充分的利用，这可能是因为我们认为解决冲突就是在各方要求的利益范围内进行折中，而不是创造新的利益来打开通路。然而，柔道的理念却是为力量打开新的通路。

利益联合

冲突双方实际上联合到一起，共同为双方的利益进行投资。他们不再敌对，而是成为合作伙伴。在房地产行业，房地产开发商和政府规划部门联合在一起的情况并不少见，通过联合，开发商能够得到他们想要的东西，政府规划部门也能得到之前得不到的东西。正如我在上文提到的，人们对冲突的负面态度（我们是正确的，他们是错误的），对把利益设计进方案是极大的阻碍。人们的态度至今仍然是"我们最多能拿走什么"或者"我们至少得要放弃什么"。

奖励

在美国有一个概念叫作"绿票讹诈",恶意收购者买下目标公司的股份,然后威胁要将其接管。为了摆脱这种威胁,公司最终可能会以相当高的溢价回购这些股票。由于这种讹诈是用美元(绿票)进行的,所以有了"绿票讹诈"这个术语。"讹诈"的概念是真实存在的,被盯上就得非常警惕。

然而,我们不能因为这个概念就不去尝试把奖励设计进方案。我们不应该假设每一场冲突都是由侵略者发动的,都有侵略者要"掠走东西"。

13

创 造 力

发挥创造力,产生有创造力的想法,是设计过程的关键步骤,因此也是解决冲突的方案的关键要素。理解创造力的原则和创造力的逻辑基础,对于参与设计方案的人来说是绝对必要的。不幸的是,创造性思考的模式与辩论模式南辕北辙。因此,卷入冲突的人往往最不可能提供有创造力的想法。他们也许缺乏创造性的天赋或气质,但这不是主要的问题。主要的问题是他们受到角色的束缚,无法进行创造性的思考,无法开展创造性的设想和假想。这就是为什么我们需要加入第三方和三角思维。

世上充斥着大量赞美创造力的垃圾文章。我更倾向于把创造力视为一个逻辑过程,而不是某种天赋或奥秘。

如果我们进入"主动式"自组织信息处理系统,观察在这些系统里信息是怎样被处理的,我们就能开始理解这种系统的逻辑，我们就能看到水平思考的用武之地，我们也就能设计出实用有效的、满足各种目的的工具。

我在很多年前发明了"水平思考"这个词，因为"创造力"这个词太笼统、太模糊，并且承载了太多的艺术内涵和价值内涵。事实上，很多创作颇丰的人并没有多少创造力。有些艺术家只不过是高产的单一造型师，只会做一种造型，但产量很高。有些有创造力的人也会非常死板，他们可能会固守在某个不同寻常的、很有价值的想法里。此类现象经常出现在研发部门，那里的"有创造力的科学家们"可能在思维上非常僵化。此类现象在广告公司里也很常见。

水平思考特别关注的是摆脱现有的感知模式（和概念体系），以便以新的视角看待事物，并以新的方式行事。如今，"水平思考"这个词已经正式进入英语语言，它被收入《牛津英语词典》，《牛津英语词典》决定着是否接纳一个词语进入英语语言。在这本书里，我一直使用的还是"创造力"这个词，因为大多数读者可能还不熟悉"水平思考"这个词。

第一个飞行器

为什么莱特兄弟是最早飞上天的人？他们开始时并没有什么新技术，他们掌握的技术其他人也都掌握。他们能成功是因为他们改变了一个基本概念，他们能成功是因为他们使用了"水平思考"。

所有设计飞行器的人都会制作小模型，先在空中试飞。由于这些小模型必须自行飞行，所以它们的构造必须是稳定的。因此飞行器的设计方向一直是设计**稳定**的构造，每一次设计改进都是朝着这个方向推进一步。莱特兄弟改变了这个概念。他们决定设计构造**不稳定**的飞机。这为他们的思考设定了新的方向。

在构造不稳定的飞机上，如果一侧机翼下降，飞机就会倾斜并坠毁。因此需要有办法改变两侧机翼的相对升力，使飞机回到平飞状态。莱特兄弟发现这可以通过弯曲和转动机翼做到。他们就此开发了控制系统，成为最早飞上天的人。

上面这个故事非常有趣地说明了使用水平思考足以产生**新的概念方向**。而在产生了新的概念方向之后，再应用逻辑、技术或实验就不一定需要创造性思考了。认识这一点非常重要，因为我们经常错误地认为，发挥创造力就是要产出方案。而实际上，创造性思考的最大作用是**设定新的思考方向**。一旦我们开始在新的方向上思考，我们已经掌握的经验和概念就能被组合在一起产出需要的设计。这一点跟解决冲突密切相关，因为造成僵局往往是由于各方都以非常僵硬的方式看待冲突情境。此时，提出一个新的方向，可能能让人们朝着解决问题的方向思考。

有趣的是，改变概念的效应，之后也出现在设计第一架手动操控飞机的过程中。很多人用数学方法证明，这样的飞机永远飞不起来，因为人类的力气太小了。我的好朋友保罗·麦克格雷迪（Paul MacCready）却做到了，并因此赢得了克雷默奖（Kremer Prize），这个奖项现在有些名气了。他没有像其他人那样试图去设计一台产生力量的机器,而是找来已有的轻型飞行器,从这里开始研究。经过研究,他把滑翔作为概念基础。

进步可以发生在三个基本层面:技术进步、系统进步和概念进步。我将依次说明。

技术进步

新技术不断涌现,我们立即将新技术转化成新应用,从技术进步中受益。

喷气式发动机问世了,我们立即把它应用到飞机上,替代了螺旋桨发动机。晶体管出现后,我们立即把它用在收音机、电视机和计算机上,替代三极管放大电子设备里的电信号。

技术进步的速度令人难以置信是因为我们认为使用新技术是理所当然的,我们准备好了这样做。我们能够立即把新技术转化成新应用。结果,技术的进步实际上是几何级数的。除了制造过时产品的厂商外,没有人反对技术进步。

发掘新技术的应用潜力,需要发挥创造力。把新技术最大程度地转化成新应用,需要发挥创造力。我们仍然需要很多的创造力,以充分应用我们的计算机技术和通信技术,还有我们的电视技术。我们只有在应用武器技术时相对好一些,我们发展出了用武器相互震慑的概念。

系统进步

系统进步比技术进步缓慢得多。一个系统里的"元素"尽管都是可用的,却需要等待很长时间,直到有人把它们**设计**进一个新的概念,才能被利用起来。设计过程是一个典型的系统进步过程,过程中没有突然的技术投入。它的关键在于,有人着手把各种元素设计进一个新的概念并成功了。

从汇集各种元素到设计出新的组合,可能需要花上数年、数十年甚至更长的时间。这个过程只取决于意志和才能——人们是否愿意进行尝试,人们是否具备设计的才能。

系统进步正是设计解决冲突的方案所需要的。如何能把(通过思考-2和绘图得到的)不同元素设计进一个方案?

系统进步的经典案例是红十字会和日内瓦公约组织。

重要的一点是,系统的进步并不是必然的。我们可能一直受困于一个低效的系统,就因为没人着手设计一个更好的系统。银行、办公室和机场的"排一条队"规则(所有人都排在一条队伍里,排在最前面的人去任何一个空出来的服务柜台——与之对比的是,每个服务柜台前都排一条队伍,一个复杂的服务要求能让一整条队伍动不了)很简单,但却花了很多年才形成。

概念进步

概念的进步的确非常缓慢。这就是为什么我们取得了如此丰硕的技术进步,却只取得了微乎其微的社会进步。这也是为什么我们的武器系统如此复杂,而我们在解决冲突时的思维却如此原始。

概念的进步跟自组织系统,以及我在第11章有关连贯性的讨论中的一些要点有直接关系。最初的经验合在一起，会形成一个模式或者一个结构。模式或结构一旦形成，就决定了处理未来经验的方式。模式会不断自我强化。在感知层面，模式决定了以怎样的方式组织未来经验，在结构层面，模式决定了在其周围会发展出怎样的关联组织。正如我在书中其他地方提到的，概念进入语言后随即控制了我们的思维。

能否在概念层面取得进步，取决于我们能否先后退，通过后退跳出原有的模式，所以概念的进步的确非常缓慢。我们的大脑根本不是这样设计的。我们的思维习惯也不是这样的。这就是为什么我们特别需要学习水平思考，水平思考是为改变模式而设计的。

为什么概念进化是不足的

如果我们不相信创造力，那么我们就不得不依赖概念进化。概念进化是指利用新知识不断改善现有的概念。一个概念就像一座花园，你照料得越多，花园就越漂亮。概念的进化总是从现有的版本提升到更好的版本。

我们还可能认为，周围环境中发生的事件和变化，会形成一股压力，促使概念进化。这股压力会把概念塑造得更好。因此，工会对企业管理层施加的压力将逐步完善资本主义制度下的就业概念。思考者的作用就是产生这股压力，促使概念的改善。因此，批评和抱怨足以产生促使概念进化的压力。

事实上，我们都相信这样一幅图景：政治家把自己看成是开车的司机，车子在往前开，道路崎岖难行，司机的任务是把好方向盘，确保车开在路上。不存在选择车子、道路或是目的地的问题，甚至不用考虑发动机动力。照着"事物的自然规律"做就行了。这意味着，概念的进步是由无数的变化合在一起促成的。

然而，这幅图景存在两个重大局限。第一，对于要倒退回来并撤销不再相关的、阻碍进步的概念，完全没有规定。在每一步都做正确是不够的。有时我们可能得要倒退回去，走另外一条路。我们发现这极难做到。

第二，如果我们必须等待概念逐渐进化，那么概念的进步可能会非常缓慢。可能在进化出新的概念之前，所有的元素就早都在那里了。我们不再能等得起这么长的时间，因为技术进步实在太快了。

我们必须记得，进化也经常会跑进死胡同。进化的方向有可能是错误的。由一组特定环境条件决定的进化，在环境条件发生改变后，就可能变成是错误的。在进化中不断强化快速散热功能的动物，遇到气候变冷就会灭绝。为安定社会设计的政治制度，在动荡时代可能毫无用处。

阻碍

我们可以简单地把缺乏创造力视作是能力欠缺，因为能力欠缺，所以设计不出更好的方案。但是我们不应该忘记，现有的概念或制度实际上可能**阻碍**了产生更好的概念。"大学"概念的存在可能会阻碍一种新型的终身教育的出现。当元素和资源以某种方式绑定在一起时，它们就不再能自由地以其他方式重新组合。"讨价还价"这个概念让设计出更好的确定工资的方法变得很困难。打消人们的设计动机的，不只有对概念的自满，还有跳出现有模式、变换看待事物方式的困难。

资方和劳方之间的鸿沟，让人很难想象这样的场景：工人拥有工厂里的机器人，而不是被机器人取代。

"工人"和"受雇"这两个词语，固化了需要改变的概念。

创造力的困境

现在我们来谈谈，为什么我们在没有非常关注创造力的情况下（我们只在艺术领域重视创造力）还能把社会管理得很好。

所有有价值的创造性想法，在事后看，都是合乎逻辑的。

我会马上解释这一原因。由于所有有价值的创造性想法在事后看都是合乎逻辑的，所以人们就认为，他们需要的根本就不是创造力，而是更好的逻辑。人们还认为，逻辑才是完整的思维系统。这是一个非常严重的谬误，它阻碍了创造力的发展。

正如我在前面的章节里所解释的，感知发生在一个自组织的信息处理系统中，进入感知的信息会自行组织，形成模式。我们可以把模式看作是轨迹或者通道，每个特定的状态必定导向其后续的状态。只要我们进入模式的开头，就一定会走到模式的结尾。

现在我们来考虑次要模式的可能性，次要模式就好比主路旁边的支路。我们在遇到次要模式时会停下来思考往哪个方向走吗？我们会犹豫不决，需要另一个大脑进来做决定吗？事实上，我们不会这样。因为我们的神经结构决定了主导模式会在这时抑制其他模式。所以主导模式一旦自行生成，我们就只会跟着走。这里面并没有什么魔法，我在《思考的机制》一书里解释了这一切。

然而，如果我们以某种方式从另一个点进入支路，我们是可以轻松地回到主路的。我们称之为"模式的不对称性"。我们沿着主路只能朝前走，沿着支路却能退回来，这种不对称性是幽默和水平思考的基础。幽默的人把我们带到支路上，在支路上回看主路。在水平思考中，使用各种思维激发技术，能够帮助我们离开主路，走上支路。

一个创造性的想法必须要能回归到起点，只有这样我们才会认为它有价值。从起点到这个想法之间必须有一条合乎逻辑的路径。事实上，**只有在找得出一条逻辑路径**的情况下，我们才会认同这是一个有创造性的想法。还有其他很多具有创造性的想法，我们却只把它们当作噪声，因为我们找不到其中的逻辑路径。

因为从事后看一个有创造性的想法必然能找到逻辑，就认为从事前看这个想法也能找到逻辑，这样想是完全误解了模式系统的行为。**而我们一直就这样误解着**。这真的是一个非常严重的问题，是我们的思维文化里的一个根本缺陷。

这就是为什么理解模式系统的本质是如此重要。依靠传统的、基于文字的逻辑和哲学概念，根本无法理解创造力，以至于创造力总是显得那么神秘。

水平思考技术

关于水平思考技术，我已经写过好几本很实用的书了，这里我不再赘述。但是我会提到一些要点，以说明如何有的放矢地应用这些技术。

如果感知是一个模式系统（很难看出它还能是其他什么东西），那么像水平思考这样的技术就是思考的一个重要部分。这些技术不是奢侈品，而是必需品。只要我们想跳出固有模式、切换到新模式，就需要用到这些技术。

移动

在常规的思维里，评判是一项基本活动。这个跟经验相符吗？它是正确的吗？它会起作用吗？如果这个想法跟经验不相符，那就丢掉它。评判模式与我在前面章节里讨论过的辩论模式是一致的。

在开展水平思考时，我们需要用一个不同的模式来替代评判模式。它就是"移动"模式。这个想法把我引向哪里？它暗示了什么？我能从中得出什么？这个想法的"移动"价值是什么？

评判就像是篇议论文：它写在事后，描述事物当前的价值。"移动"就像是篇诗歌：它是往未来看的，呈现未来可能的价值。

任何想法，无论多么不正确或不合逻辑，都具有可以利用的移动价值。有人想到用无线电波束来击落飞机，这个想法有些荒唐，但是把这个想法移动到探测领域后，人们发明了雷达（无线电探测和测距）。理解移动模式，是理解水平思考的关键。

激发

说某句话的时候，可能没有理由，说完了，就有理由了。

上面这个陈述跟常规的逻辑完全相反，但却能解释什么是激发。激发的目的是让我们以不同的方式看待事物。科学假设在某种程度上就是激发。爱因斯坦在大脑中进行的思考试验也是激发。有趣的是，西方科学之所以取得进步，并不是像大多数西方科学家所认为的那样，因为使用了辩证法来攻击或捍卫各种假设，而是因为应用了各种假设所具有的激发价值（这个价值在中国科学里不曾存在）。

没有移动模式，激发就毫无意义。一个想法出来，我们只要一使用评判，就会立即把它抛开。但是移动却能把激发变成垫脚石——看看被激发后能移动到哪里去。

所以，激发和移动相结合是水平思考的基础。

这个过程有多合乎逻辑？在模式的世界里，它是完全合乎逻辑的。我们借助激发来让自己离开主路，然后我们借助移动来让自己进入一条新的支路。一旦进入了支路，我们就可能换条路回到起点——这时一个新的想法产生了。正是模式的不对称性使得打开新端口进入系统变得合乎逻辑。我们需要激发技术来迫使我们脱离现有的模式。

激发可能要比假设更加极端，因为假设必须是合理的。我们对假设做的是评判，对激发做的却是移动。

新单词"Po"

很多年前，我发明了"Po"这个新单词，它是一个语言信号，提示说话人正在运用激发技术。"Po"这个词的意思是，有人说了一句话，这句话不进入评判系统，要关注的是它的激发价值。

Po，工厂应该建在它自己的下游。

这是在说在河边建厂，这样说完全不合逻辑，这样建厂也完全不可能。但是这句话直接激发了这样一个建议：为了减少污染，必须制定法规，要求工厂把入水口开在排水口的下游，这样工厂才会更加关注对排水的净化。

Po，我们要增加警察眼睛的数量，而不是增加警察的数量。

这句话与街头犯罪问题有关，街头犯罪问题是《纽约杂志》（*New York Magazine*）的编辑在1971年提给我的问题之一。这句话激发出了这样一个建议：让市民成为警察额外的眼睛。这个建议发表在1971年的杂志上。从那以后，"市民值勤"的概念被应用在美国2万个社区里，使得某些类型的犯罪大幅减少。

Po，飞机应该倒过来降落。

这句话似乎完全是胡扯，但是由它能"移动"到这样一个想法：向下的压力。这个想法又提示了：在飞机着陆时以某种方式给飞机施加负偏压。如果飞机突然需要额外的升力，可以通过立即消减负偏压来实现，这样就为飞机提供了一个即时增加升力的手段。

激发出各种想法，可以通过很多规范的方式进行。从一个想法移动到另一个想法，也可以通过规范的方式进行。这里面没有奥秘，每个操作都是合乎逻辑的。

使用"随机单词"是打开新入口的一项技术，这项技术令人惊讶地简单、有效。从逻辑上看这样做是毫无意义的，因为随机就意味着被抽到的单词跟手头上的事情没有任何关系。然而在一个模式系统中，这个随机的起点是完全合乎逻辑的。在实践中，这个方法确实非常有效，很多有创造力的人现在都在自动使用这个方法。这个随机单词技术很好地说明了为什么为了开发思维工具必须理解感知的"系统基础"。玩文字游戏是不够的。

采纳想法

创造的难处之一是任何新的想法都必须经由旧的想法来评估和采纳，几乎不可能直接试验新的想法。化工厂需要解决周末排班的问题，一群受过水平思考训练的孩子提出的建议是雇用一批特殊的、只在周末上班的劳动力。这个建议好不容易才被采纳，因为它跟人们在员工激励方面的所有经验相左。事实上，试验证明这个建议非常成功。

设计者的任务是双重的，既要设计出可行的方案，又要让方案能通过旧有模式的批判，被旧有模式采纳。这是一项艰巨的任务，却也是一项常规的任务。要让人们采取行动，却说不出行动的意义，没有人会采取行动的。激发只是阶段性的工作。最后，任何有创造性的想法，都必须是实际的、有意义的。

水平思考和解决冲突的思维

用设计模式解决冲突，水平思考是必需的思维工具之一。几年来，世界各地的很多设计学校都把我的水平思考著作列入必读书目。改变概念和改变观念是设计过程的关键环节。

可以简单地利用水平思考来为思考提供一个新的方向，之后可以利用逻辑和经验在这个新方向上推进。可以利用水平思考来解决一个特定的问题。可以利用水平思考在一个确定的维度上提供一个新的概念："我们需要一个概念来……"

水平思考既是一种普遍的思维方式（移动和激发），也是一套可以刻意应用的工具。美国银行（Bank of America）香港分行的一位高管跟我描述了，他和同事们如何利用随机单词技术设计了一个新的投资工具。

掌握水平思考的关键在于理解概念、学会技术和累积经验。应用水平思考，也是第三方在开展三角思维时要做的事。

总结

概念进化还不够好。我们需要从概念的死胡同里退出来的方法，我们需要把禁锢在过时概念里的元素释放出来的方法，这样才能把它们放入更好的设计。

从文化上来说，我们从未理解过创造力的基础，因为我们一直未能理解感知的自组织本质。原因在于，任何有价值的想法从事后看都是合乎逻辑的（否则我们永远也不会认可这个想法），于是我们错误地认为，借助更好的逻辑，可以从事前就获得这样的想法。这是一派胡言。

水平思考是一个比创造力更具体的术语，它跟改变模式相关。它用移动替代了评判。它设置了激发环节，并用新词"Po"来发出激发的信号。可以刻意使用水平思考里的各种技术来完成指定的创造力任务。

水平思考是设计思维的关键要素，因此在应用设计模式解决冲突的过程中，水平思考也是关键要素。

14

解决冲突思维中的第三方角色

引入第三方的目的,就是把一场二维的对抗转换成一次三维的探索,在探索的基础上设计出路。

解决冲突的思考不应该是一场对抗,而应该是一次设计练习。

在这一章里,我将主要说明第三方的作用。在本书后面的章节里(第19章),我将说明SITO的概念。SITO(超国家独立思考组织)是为了给解决冲突的思维活动提供第三方角色而专门设计的,其为处理各种情形的思考活动提供了一个超越国家的聚焦点。

在设计模式下,第三方角色的本质属性创造了"三角思维"的概念。第三方不是一种补充或辅助,而是过程中不可分割的一部分。

我想要说清楚的是,借助第三方,既不是妥协,也不是达成共识。它不是通常意义上的谈判，它也不是仲裁或者讨价还价。**它就是设计。**

在冲突局势中，双方一开始对自己的实力、武力和耐力满怀信心，这是正常的。然后，双方都认识到谁也不可能轻易取胜。到了这个时间点，问题就变成如何坚持下去：等待对方放弃，或者因为找不到简单的出路只好坚持下去。最后，双方都精疲力竭，这却为谈判创造了条件，双方通过谈判达成妥协，并维护住彼此的颜面。以上过程与设计最佳出路无关。最后的谈判是一个补救措施，而不是一个建设性的设计。

第三方的必要性

在这本书里，我时不时地提到，某些方面的思考必须由第三方来开展，原因有两个：

1. 由于卷入冲突的各方都会陷入辩论模式，他们会被传统的思维方式、思维训练，以及自满的情绪所阻碍。并且，他们都没有接受过水平思考和设计模式的训练，不具备必需的技能和经验。
2. 卷入冲突的各方，即使怀有世上最好的意愿，也无法开展某些思考，因为开展这些思考与他们在冲突中的立场相背离。冲突决定了各方之间的关系结构，在这种关系结构下，开展某些思考是完全不可能的。

从第一个原因里可以看到，我们对第三方有实际操作上的需要。从第二个原因里可以看到，我们对第三方有逻辑一致性上的需要。

我还应该补充一点，应用设计思考的意图加上对设计思考模式的理解，不足以替代对设计思考技术的掌握。理解雕塑并不能让一个人变成雕塑家。思考并不只是智力的附属品。思考是操作**技能**，在思考过程中，智力结合经验发挥作用。

现在我将详细说明第三方在三角思维模式下发挥的作用。

氛围和态度

油和水不相融，但是在添加了乳化剂之后，油层会分散成小油滴与水混合，变成乳状液体，这样的混合液体能满足各种用途。第三方的角色就像是乳化剂，它为解决冲突设置场景和氛围，使卷入冲突的各方能够以令人愉快的方式交往。经验表明，适当的环境会大大有助于讨论的进行。蔓延的敌对情绪会限制人们运用概念，这一点我在前面的章节里提到过。没有必要在情感上表现出敌对，因为双方所处的立场已经摆明了这一点。在实践中，第三方可以做很多事情来改变敌对的氛围，而卷入冲突的各方能做的很有限。

离开冲突模式

一段探索性的讨论极易失败，倒退回冲突模式。这很像日常的夫妻吵架，起因多是一些鸡毛蒜皮的小事，但转瞬就演变成一场相互攻击，扯出来严重得多的问题。

第三方的作用就是发现冲突的苗头并立即掐灭。

"讨论的目的不是要指出谁错了。"

一个技术熟练、有经验的第三方能让一个冲突苗头看上去很突兀、很不合适。

阶段和议程

由第三方设定如何分阶段开展探索和设计。每次完成一个阶段，每个阶段都有严格的纪律。这是很重要的，否则就会像是在辩论模式里那样，企图一次讨论完所有的问题。

议程不是通过与相关各方协商制定的，它是由第三方直接设定的。这是因为人们在选择议程的时候，往往会迎合某个特定的观点，而放弃另一个。理想情况下，一个议程应该跨越所有观点的界限，而不是反映这些界限。如果各方都不喜欢这个议程，那就太糟糕了。

思考方向

第三方就像是马戏团的领班，或者管弦乐团的指挥。第三方负责在所有的时间点组织各方执行具体的思维操作。这里面是有结构的，不是简单地从一个点讨论到另一个点。例如，第三方可能会组织开展 ADI（一致、分歧和不相关）。第三方也可能会要求某位思考者戴上特定的"思考帽"（例如逻辑否定的黑帽）。

第三方不应该以试探或恳求的姿态工作，也不应该把讨论氛围变成上课的样子。第三方更应该像是在一个"思考键盘"上打字，发出的指令是明确的、清晰界定的。

如果提出一个要求没有人服从，就再次提出这个要求，让大家看到有要求没有被服从的现象。

绘图及思考 -2

在思维的绘图阶段可能需要使用各种工具。可能需要排出优先级（使用 FIP 工具）或者列出备选项（使用 APC 工具）。可能需要考虑其他相关人员的意见（使用 OPV 工具）。第三方可能会要求及时对某些建议做扩展，以描述可能发生的情况（使用 C&S 工具）。还可能需要描述价值观、顾虑和恐惧。

我在第 3 章里说到过，在绘图阶段，每一项思维操作都是单独进行的。此时不会试图把地图的某个部分拼进整个地图。因此，任何试图基于地图的某个部分形成辩论观点的行为都必须制止。

必须严格遵守思考 -2 的规则。起初，人们会觉得别扭，会产生反感。经过一段时间，人们就会喜欢这种约束，因为它让思考者不必时时刻刻都把整幅地图记在脑子里。每项思维操作的时间都相对较短。最终，人们会直接专注于每项思维操作，而不会退回到对整体的讨论。如果你能集中精力，你会发现即使只有短短三分钟，你能完成的思考都是惊人的！

聚焦

聚焦，在总体层面上，用来确定阶段和议程；在细节层面上,用来确定每一小段讨论的焦点。

"让我们聚焦在薪酬上。"

设定焦点是一件事,让人们一直关注在焦点上是另一回事。提醒思考者关注在当下的焦点上,也是第三方的任务。

一旦确定了方向,接下来要做的就是找到方法,朝这个方向前进。

"我们怎样做,能让人们讨厌这个行动呢?"

我更喜欢讨论如何设定设计任务和确定关注领域,而不是"提出正确的问题"。这是因为提出问题这个动作暗示答案已经存在了,收到问题的人会倾向于给出他能想到的任何答案。而提出"设计任务"这个动作,是假定还没有令人满意的答案,还需要进行一些思考。对话和设计这两者之间有一个重要的区别。对话是找出已经存在的东西,设计是创造出还未在任何地方出现过的东西。

陷入困境

当讨论陷入困境时就需要第三方来重启。第三方可以把大家的注意力转移到另一件事情上,也可以提出进一步的想法。

当没有新的想法出现时,使用刻意刺激的手段可能是有用的,比如水平思考中的随机单词技术。它通常会开启一些新的思路。

思考在某个时点陷入困境,此时让大家都看到这一点,正是第三方的任务。第三方可以要求大家检讨为什么会发生这样的情况。

叫停是另一种处理讨论陷入困境的方式。

创造力和水平思考

这是第三方的主要角色。这是因为在创造力和水平思考领域，第三方可能比其他人拥有更多的专业知识。还因为第三方是唯一能够使用激发技巧、推动各方探索的人。在稳固地确立创造模式之前，卷入争端的任何一方提出使用激发技巧，都会被另一方极度怀疑。它是一个信号吗？它反映内心的想法吗？它是在以一种巧妙的方式表达立场吗？

设定焦点是一项技巧。定义问题的方式对解决问题的方式有很大影响。将问题分解成子问题可以简化思考，还可以避免准备一大堆方案。

把人们的注意力集中到重要的事情上去，也是一项技巧。有些问题在经过简短的讨论之后，人们会看到它们的重要性。除非能把人们的注意力特别聚焦在这些问题上，否则这些问题将永远得不到直接的关注，因为人们假设它们不是问题。

切断讨论

这真的是一种"消极的"关注。有时候，切断讨论是非常重要的。例如，已经形成了一个建设性的共识，这时如果继续讨论，会冲淡甚至丢掉刚刚取得的成果。在这时切断讨论，反而能在人们的感知里留下印记。

有时候会限定一项思维操作的时间。这时，切断讨论是由时间决定的，到时间就切断——即使讨论还在进行中。如果没有时间约束，思考者就会变得懒惰，他们会以为什么时候完成任务都行。

永远不需要担心切断人们的思维。人们的思维会再回来。重要的是，思考者要学会简明扼要。大段的演讲完全不合时宜。繁复的序言和冗长的预告也是如此。

设定设计任务

设定具体的设计任务是第三方的职责。第三方必须说清楚设计任务的目的，还必须说清楚设计任务的验收标准。

在前面的章节里，我提到过设定新的思考方向的重要性。

"我们能否设计一个投票系统，这个投票系统能排除两极化的候选人？"

第三方可以非常自由地使用激发技巧产生内容，然后要求其他思考者基于这些内容开展思考：

"Po，人质从囚禁中受益。"

第三方处于更佳的位置去试探各种可能和形成初始的想法。这不仅因为第三方牵扯在其中的利益较小，还因为第三方的头脑更加自由，更能接纳各种想法。卷入争端的各方很难附和任何会在期初带给他们"负现金流"的建议。

不能直接说出来的想法

有时候，卷入争端的一方想要提一个想法却不能公开提出来，因为这样做可能会引起另一方的误解，也可能因为这个想法还需要探索。无论出于什么原因，都不能把想法直接摆到桌面上来讨论。

在这种情况下，一方可以把自己的想法传递给第三方（在讨论期间或者在休息期间），然后由第三方直接把这个想法提出来，就好像这个想法是由第三方想到的。这个典型的例子证明了我们在逻辑一致性上需要第三方。

收集和关注想法

我经常参加一些创意会议，参加会议的人都觉得会议很有趣。但也不知道为什么，对这些会议的报道大多读来乏味。这不是因为听人描述当时的情境比读大段冰冷的文字有趣，而是因为人们不太善于注意别人的想法。每个人都被自己的想法包裹，只关注自己想法的价值，对别人的想法缺乏应有的关注。

第三方的很大职责在于关注浮现出来的想法——哪怕只是闪现的念头，哪怕其他人都没有注意到。第三方需要收集在水平思考过程中产生的所有具有创造性的想法。这些想法可能需要进一步探讨，以探索其可能带来的益处，还可能需要第三方对其做改善。第三方不必做一个被动的、中立的报告人，他应该有自己的输入，只要他的输入是为了完善各种想法。

要关注到与我们的想法不一致的东西是极其困难的。这就是为什么第三方应该对问题有宽幅的看法。这样第三方才能比各方多关注到很多想法。各方受各自立场的限制，能调用的感知资源没有第三方那么多。

第三方的总体看法

第三方能保持独立的视角，能对问题有全面的看法。第三方能既见树木又见森林。第三方既能从高处俯视问题，又能从高处俯瞰人们对问题是如何思考的。

即使第三方不做评判，他也处在法官的优势地位上，从高处往下看自己的法庭上正在发生什么。

第三方在任何时候都与各方处于同一水平，但又高于他们。对应到三角形的形状，三个角相等，但其中一个角的位置高于其他两个角。

有时候，可以基于第三方的总体看法做出一份工作报告，或者是一份最终报告。然而，需要非常明确的是，第三方在那里不是一个记录员或者一台录音机。

建立关联

由于第三方的视角是独立的、拔高的，所以第三方处于看到整幅地图的最佳位置。第三方能在各种想法之间建立关联，能展示一件事情是如何与另外一件事情关联在一起的。第三方还能展示，两个看起来很不同的事物如何在实质上有很多共同点，不同的出发点在某些具体情况下如何变得协调一致。第三方能在各种差异之间搭建桥梁。第三方能把人们连接起来，让人们在突然之间加深洞见，改变认知。

邻居们可能没有意识到，他们实际上住得非常近，只是他们回家的路线不同。手上有该地区地图的人却能一眼就看出来。同样地，在冲突中，各方住在各自的立场里，抵达各自立场的路径不同。而实际上，他们的立场非常接近。

冲突中的各方往往受各自立场背后的"意图"驱使，极力要拉开自己跟对方的距离，以至于注意不到自己的立场跟对方的立场有相似之处。我们在冲突中的立场，会让我们看不到自己在哪里。这就好比，如果我们对某件事情已经抱持某种假设，我们就无法再以"清纯"的目光来看待证据。

概念审查

概念审查会列出确立的概念、主导的概念、阻塞的概念、变化的概念、新出现的概念和需要的概念。它是在**概念层次**上绘制地图。概念审查的目的是让人们对冲突的状态产生觉察。第三方所处的位置使得它比任何一方都更有优势来开展概念审查。开展概念审查不是一项容易的工作，因为可能要用到一些实在难以去定义的概念，还可能会由同样的操作提取到不同的概念。

概念审查应该尽可能地丰富化，产生尽可能多样的概念。所产生的概念需要再被整理分组（例如，起到监督功能的、起到施压功能的，等等。）

有时候，概念审查可能会让冲突各方立即意识到他们之前的思维有多么狭窄。

增加备选项

第三方的一项主要职责是在现有选项之外提供更多选项。第三方可以发挥自己的创造力来设计更多的备选项，也可以把这部分工作分包给资源团队（SITO 就是一个承接分包的组织）。

出于增加备选项的需要，或是出于其他需要，第三方都可以直接参与思考。第三方要做的，不仅仅是组织他人思考并从思考中获得最大的收益，第三方自己也是主要的资源，通过思考提出更多备选项、更多建议、更多创造性的想法，以及能够激发思维的概念。因此，第三方必须具备一定的创造力。

备选项除了备选想法外，还有备选方向。这个我在之前提到过。方向要比想法少多了。我们可以称它们为"方案的建议方向"（简称 SDS）。

产生备选项的过程，不仅仅是提出更多的备选项，然后希望其中的某一项能够管用。在这个过程里，更重要的是创造一个丰富的感知场域，让设计工作更有成效。这是做得到的，即使没有一个备选项能直接用上。

采纳和调整想法

设计过程的第二阶段是让客户采纳设计。第三方可以拿着设计方案，分别测试各方的接受程度。这件事只有第三方能做。任何一方都不可能以中立的方式端出设计方案，不管他端出什么，都会被认为是代表自己的愿望。

如果有必要，第三方可以对设计方案做调整，以提高它的接受度。《戴维营协议》就有好几版草案，分别提交给以色列前总理贝京（Begin）和埃及前总统萨达特。

由第三方决定，是修改当前的方案提高它的接受度，还是放弃当前的方案寻找新的设计。一定不要以为，通过修改现有的设计总是能得到最终的方案。事实并非如此。我们已经看到，在模式系统中，走在错误的方向上不会遇到有用的东西。

第三方的其他功能

在这一章里，我主要说明了第三方在设计冲突出路中的"思考"功能。

第三方还有其他很多功能，这些功能跟思考没有直接的关系。例如，可以将争端提交给SITO，以便让局势降温，或者制造一个时间间隙。类似地，一方在知道自己必输的情况下可能更愿意输给SITO，而不是另一方。在后面的章节里，在描述SITO的功能时，我将说明第三方的这种特殊的"位置"功能。

接受第三方

卷入冲突的各方不见得总是欢迎第三方。如果一方认为使用武力或者伸张正义能为自己带来全面的胜利,那么第三方的任何介入都可能被视为是对胜利的削弱,因为任何设计都难以收获全面的胜利。

冲突双方还倾向于认为冲突是他们自己的事。但情况并不总是这样。有人在酒吧里打架,这既关打架者的事,也关酒保的事,还关其他喝酒人的事。事实上,如果一发生冲突其他人就一定会自动参与进去,冲突就不会那么吸引人了。

第三方被拒绝的原因有很多:

- 这不关第三方的事。
- 第三方不可能对事情有足够的了解。
- 第三方对情境没有体感。
- 第三方可能不够负责任。
- 第三方没有利害关系在其中,也不必承担结果。
- 第三方只是玩玩儿。
- 第三方就是个学院派,跟现实世界脱节。
- 出于这样或那样的原因,第三方被一方视为偏袒另一方。
- 无论出现什么情况,第三方都不太可能让结果有所不同。

- 第三方可能会有机会，但不是现在，得等到各方都不再指望获得全面的胜利后。
- 第三方应该只是一个中间人，不应该贡献什么想法。
- 各方都不会透露自己的机密，不会让别人知道自己的位置到底在哪里（就像军队作战那样），因此做设计练习是毫无意义的。

上述所有反对意见都是从辩论模式出发的，满足于辩论模式下的思考方式，并且认为第三方只会造成干扰。一旦辩论模式的不足得到公众的理解和共识，那么再要使用这个模式解决冲突，就会被认为是一种失职的、侵略性的行为。

开创风范

第三方应该是高效的、具有开创精神的、具备技能和才华的。第三方不只是一个中立的、照章办事的行政角色。第三方需要是一位才华横溢的律师，只是要换一种思维方式。也许第三方应该是一位建筑设计师，既有创造力又懂实用性，把这两者结合在建筑设计里，被大众普遍接受。

第四部分

冲　突

Conflicts
A Better Way to Resolve Them

15

冲突模式

每位设计师在自己的脑海里都存有一个标准设计库。如果设计师只是简单地推介自己的标准设计，那么他们是难以找到客户为他们的作品买单的。然而，即使设计师拿出来的是"全新"的设计，作品中的很多元素也是受已有设计的启发。在这一章里，我将讨论一组冲突的模式，但不是全部的模式。我之所以要选出这一组模式进行讨论，是因为每个模式都反映了冲突在某些方面的特点。

田径比赛

田径比赛的重点在于精确地设置比赛环境，运动员们在相同的环境里比较个人能力的高低。运动员们之间的竞争是间接的，每个人都尽自己最大的努力。总的来说，没有人会去干涉他人的努力。比赛的进程中，每分每秒的状况都很清楚。奖项主要是象征性的。田径比赛中有一系列的概念，其中最重要的可能是各自努力和互不干涉。比赛场地设置和违规取消比赛资格的规则，从根本上说只是背景概念。

足球比赛

足球比赛的重点在于设置比赛规则和明确取得成绩的途径。射门得分是重要的概念，球队射门得分后在球队名下记分。在很多球场冲突中，争议的焦点都是以哪种方式记分，因为记分是比赛双方分出胜负的唯一方式。如果撤掉足球场上的记分牌，足球比赛会变成什么样子？如果没有媒体报道足球比赛的胜负，球迷骚乱还会发生吗？足球有很多规则，设计这些规则是为了防止任何一方获得不公平的优势。与田径比赛不同，在足球比赛中，违规的一方并不会被立即取消比赛资格，但是会立即受到处罚。裁判的决定是即时的和最终的。足球比赛的关键概念是记分和对错误行为的即时惩罚。

商业竞争

多家厂商在开放的市场上竞争，它们在价格、质量、广告和分销上角力。成功的厂商越做越成功，不太成功的厂商必须改变，否则就会破产。消费者对品牌有一定的忠诚度，但是这样的忠诚完全不能跟政治上的忠诚同日而语。消费者会根据产品的情况决定从哪一家厂商购买，是否需要更换厂商。厂商必须要能吸引消费者，因为在消费者这边没有什么可害怕的。厂商们为了保护它们的市场，有时会试图阻止进口。效率、有效性和产品设计是竞争的关键要素。竞争的结果取决于厂商在日常做出的多个小决定和重复决定。在商业竞争中，一个假设是消费者知道自己想要什么产品，并且能够评估产品的价值。由此，商业竞争中的关键概念是，竞争结果最终取决于消费者，消费者根据自己的利益选择厂商。然而，竞争结果也取决于厂商在为消费者提供有价值产品的过程中组织各项活动的有效性。

拍卖

拍卖是直接在价格上竞争。买家各自确定拍品值多少钱，并支付相应的价格。成交价格完全取决于其他买家的估价。一直出价下去吗？价格叫到多高后就不值得了？拍卖的一个关键点是，买家可以在任何时候退出。当一个买家退出时，他没有任何损失。我们可以把行业罢工看作是一种拍卖形式。各方都准备付出不断上升的代价：不仅在心理上会感到痛苦和不舒服，还要承受工资损失和生产损失。直至代价上升到某一方的天花板：到了这个点再继续罢工就不值得了。罢工的麻烦在于，落败的一方仍然要支付沉重的代价。这就让罢工更像是一场鞭笞比赛。拍卖模式的关键概念是出价，买家各自判定拍品对自己的价值。

在自由市场讨价还价

你可能会说讨价还价也是一种拍卖形式，只不过双方是从价格区间的两端开始谈。但其实这两者之间有重大的区别。讨价还价更多的是价值交易。你原本只打算买一件东西，结果却可能买了两件，多出来的那件是摊贩抛出来搭售的。摊贩更在乎你当下买而不是以后买，他会把他卖的东西的价值抬高。买家和卖家都会竭力探测和压榨对方的价值。基于价值可变的概念（同一件东西对一方的价值可能比对另一方高），有可能让一方获得价值而又不让另一方损失价值。这是一个理想化的讨价还价模式。然而，如果潜在的买家捧起陶瓷花瓶捧到胸前，威胁卖家说如果不放价就松手，这种情况就另当别论了。

切蛋糕

这个冲突解决模式在托儿所里非常有效。两个孩子正在为分蛋糕而争吵。传统的解决办法很简单："你切，我选。"这样一来，切蛋糕的人就会尽量做到公平，因为任何明显的不公平只会对自己不利。用这个模型来解决成人之间的冲突，就是让一方提议备选方案，让另一方从中选择。但实际上，这个做法并不等同于切蛋糕，因为一方可以只提出对自己非常有利的备选方案。切蛋糕模式中的关键概念是把设计和选择分开，并且让不公平的设计者受到惩罚。

掰手腕

想象在一个男人们聚集的酒吧里，两个体格健壮的家伙正摆出打斗的架势，要分出谁才是这里的大哥。打斗开始了，椅子、桌子、瓶子都被打烂了，甚至鼻子也被打破了，场面一片狼藉。每次只要有人对大哥的地位稍有挑衅，就要这样打上一架。与此形成鲜明对比的是掰手腕的简单和优雅。两位竞争者在桌子旁边坐下，手握着手。几分钟后一切都结束了，胜负一目了然。这场较量做得如此悄无声息，以至于连桌上杯子里的啤酒都没有洒出一滴。这是很了不起的做法，把一场混乱的打斗压缩成一次简短的、决定性的力量较量。当然，这里面有一个关键要素，就是一个能掰赢手腕的人应该也能打赢架。这一点很重要，因为打架要测试的是力量，而掰手腕显示的正是力量的样本。这跟靠玩纸牌或是掷飞镖来决定男性地位完全不一样。掰手腕模式里的关键概念是，测试体现力量的样本，而不是全部的力量。

法院审判

法院审判是解决冲突的传统办法。法院提供了一个正式场合，由双方律师一较高下。与田径比赛不同的是，法庭辩论的结果不是显而易见的，而是由法官或者陪审团裁决的，裁决的依据是双方律师陈述的事实和当前适用的法律条款。裁决一旦做出，社会就会执行，社会有确保执行的手段。因此，法院审判模式的关键概念是：有参照条款、参照条款裁决冲突、有手段执行裁决。

仲裁

仲裁是一项程序，双方决定由外人对案件的是非曲直进行评估。实质上，冲突被移交给了第三方。双方在申请仲裁之前已经做出评估，认为冲突继续下去的代价会远大于仲裁不尽完美造成的损失。双方也都认为取得全面的胜利已经不可能了。仲裁模式的关键概念是，在延长冲突和解决冲突的价值之间进行权衡，即使结果是不完美的。

绿票讹诈

这是一个华尔街术语，与某一类型的勒索有关。一家公司购买另一家公司的股票，目的是要收购另一家公司。由于种种原因，收购失败。失败的收购方仍然持有另一家公司的股票，可能会给那家公司造成麻烦。因此，那家公司的管理层决定以高价回购股票。这意味着某人只要购买一家公司的股票，威胁要收购这家公司，然后再卖出这家公司的股票，就可以赚很多钱。这里的关键原则是，强盗不会空手而归。从某种意义上说，就是得出钱摆平强盗。这个原则始终是解决冲突中的难点。强盗应该获得某种形式的奖励吗？应该赶走强盗，让强盗空手而归，还是应该严厉地惩罚强盗行径？传统的观点认为，以任何形式奖励强盗都只会鼓励强盗行径。强盗会不断"尝试"强盗行径，因为他们知道最终会有回报，即使不是全部的回报（就像华尔街绿票讹诈那样）。另一种观点是，处于强势地位的强盗不太可能收拾行囊，两手空空地回家。这意味着必须击败侵略者，即便要为此付出高昂的代价。人们对讹诈的天然反感导致人们不愿意姑息讹诈，结果是人们对讹诈的调查研究往往不够充分。显然，蓄意侵略和一般性冲突之间应该有所区别。

压力集团

压力集团不期望立即获得成功，这是它的特点。压力集团所做的事情是让人们产生一种意识、看到一种现象和形成一种公众觉知。压力集团通过影响媒体、选民和政客的决策来工作，就像厂商通过影响消费者的决策来销售产品一样。压力集团的目的是保持公众对某一问题的关注（在一开始是把公众的注意力聚焦到这个问题上去）。压力集团的惯常做法是制造事件，让媒体无法不报道。某个事件一旦成为公众话题，政客们就不得不评估是该忽视它、支持它，还是该反对它，怎么做对自己有利。所以，压力集团是透过现有的媒体和民主体制运作的。还需要说明的是，压力集团不只出现在政治活动中。压力集团引发的公众关注能够长时间发酵，大幅扭转人们对各种事物（环境、妇女权利、产品安全等）的态度，最终改变文化。压力集团模式里的关键概念是"持续的压力"。

系统崩溃

也许有人会挑战说，上面提到的很多冲突模式都是在一个特定的系统里运作的（比如在法庭上或者在足球场上），而很多冲突的发生恰恰是因为**系统崩溃**了。

对这个挑战有两个回答。首先，我们需要设计更多更好的系统，这样就能在一个系统发生故障的时候启动另一个系统继续运行。例如，当冲突双方中断直接联络时，他们仍然可以通过 SITO 或者红十字会这样的组织互通信息。

其次，即使一个特定的系统发生崩溃，各方仍可能在一个更广泛的系统里运作。例如，两个开战的国家仍可能属于联合国或英联邦或其他条约组织。最终总会自动出现一个包含冲突双方的系统。这个系统不见得是一个正式的系统，但具备自己的逻辑和动能。

冲突和竞争

本章提出的很多模式看起来都是竞争模式，而不是冲突模式。事实上，所有的冲突都可以看作是竞争。一方想要一个特定的结果而另一方想要一个不同的结果。冲突只是开展竞争的**一种方式**。这就像运动员为了赢得比赛而去踩踏对手。用冲突模型开展竞争简单而有力。如果你能征服你的敌人，你就能实现任何愿望（土地或货物）。由于这个叫作冲突的竞争模式在哪里都用得上，所以人们常常会遗忘竞争的真正目的。冲突其实只是达到目的的一种手段，现在却成了目的本身。说实在话，为了冲突而冲突，实际上会破坏最初期望得到的东西。如果为了接管油井必须摧毁油井，这样做是毫无道理的。

需要牢记的是，冲突本身永远不是目的。它要么是一种竞争，双方要竞争某样东西；要么是一种逃避，双方要逃避某种利益冲突。

因此，在开展设计练习的时候（这也是本书的内容），总是值得问这样一个问题：能够通过冲突以外的方式满足潜在的竞争需求吗？

16

冲突要素

设计师在做设计时使用的材料和应用的原理都与他的专业领域有关。船舶设计师在设计船舶时会使用玻璃纤维、木材和金属,会应用造船学原理。平面设计师在设计构图时,会使用各种颜料、纸张、印刷步骤和电脑程序,会应用传播学原理。在应用设计模式解决冲突时,我们也需要了解一些基本原理。

要解释与冲突相关的概念的起源、成因和演化,要讲得真的就太多了。这样做还会过度强调分析:我们得先分析原因,再去解决问题。设计模式更加未来导向:我们只要考虑设计一个方案所需放入的要素。当然,列出所有的要素也是一项耗时的工作,本书的目的不在于此。我在这里想要做的是,对设计者需要考虑的一些冲突要素做说明。

通过简化,我提取出来四个要素,就是下面这四个词,在英语里这四个词的首字母恰好都是"F"。

- 恐惧（Fear）。
- 武力（Force）。
- 公平（Fair）。
- 基金（Fund）。

这些要素之间有很多重叠的地方，但是能够起到提纲挈领的作用。接下来我就依次讨论这些要素。

恐惧

恐惧总是关于未来的，关于未来可能发生的事情。可能是害怕受到谴责，可能是害怕遭到报复，也可能是害怕为冲突付出高昂的代价。因此，恐惧跟武力及其他因素之间必然有重叠的地方。

从设计的角度看，恐惧是一个强大而微妙的要素，因为它能持续发挥作用。人们只要看到电线，就会小心触电。恐惧还会被放大。如果某个小镇上，每个月有一位老太太遭到抢劫，那么镇上所有的老太太都不敢晚上单独出门了，即使她们遭遇抢劫的概率并不高。

在控制犯罪方面，如果罪犯们都相信自己是不会被抓住的，那么再怎么让他们害怕惩罚（即便惩罚非常严厉）也不管用。除了让罪犯们害怕惩罚外，还得要让他们害怕被抓住。这就是为什么告密系统往往会起作用：它大大增加了被抓住的恐惧。

作为四要素之一，恐惧有几个显著的缺点。首先，它可能根本不适合愚蠢的人，或者是缺乏想象力、不能预见未来会发生什么的人。它也不适合有勇无谋的人，不合适崇尚危险生活、寻求肾上腺素刺激的人。

其次，一种恐惧会驱赶另一种恐惧。一个年轻人去参军可能是因为害怕别人说自己是懦夫，也可能是因为害怕被起诉逃避兵役。他在战场上投入战斗，可能是因为害怕让战友失望，害怕长官，或是害怕违抗命令。

在福克兰群岛战争中，加尔铁里（Galtieri）总统害怕的是，如果他让军队撤出群岛，阿根廷将会受到羞辱，以他为核心的政府以及他个人的政治生涯都将画上句号。他能想到的最好方式就是留在原地，期待获得某种形式的胜利。

巴勒斯坦解放组织（PLO）的一位谈判代表仅仅因为愿意和谈，就被强硬派谋杀了。恐惧常常会阻碍人们进行谈判，因为谈判代表会害怕受到惩罚，或者起码会担心失去追随者的支持。

人们害怕失败，也害怕遭到羞辱。人们非常害怕被看成是失败者。可以这么说，英国派舰队前往福克兰群岛的真正原因是害怕遭受侮辱。在个人层面和在国家层面保持自我形象都极其重要，害怕失去自我形象因此成为一个强大的动因。事实上，伊诺克·鲍威尔（Enoch Powell）正是利用这一动因在下议院刺激了撒切尔夫人：她怎么可能在所有人面前忍受阿根廷的这种侮辱呢？自我形象越强，越容易像这样被操纵。

木楔破石

我在本书其他地方提到过，一个微不足道的事件却能引发严重的冲突，我还用了"木楔破石"这个词（参见第11章"优势"小节）说明这个过程。木楔破石的原理是，只要把木楔嵌入石头的缝隙，让木楔受潮膨胀，石头最终会裂成两半。因此，任何微不足道的事件都必须制止，不然什么后果都可能发生。早期对希特勒的姑息，带来的只是匍匐策略。不幸的是，"木楔破石"可以用在**任何**事情上。因为一个人能有多恐惧，只局限于他的想象力，他可以把任何事件都视为巨大灾难的导火索。之后就看他的说服力了，他能不能说服别人相信要出大事了。自我形象在这里也会起作用。在船坚炮利的时代，因为英国公民在海外受到骚扰而发动的战争，不只是为了保障贸易通畅，还掺入了维护国家形象的成分。

报复

大规模报复行动都是由小事件引发的严厉报复。这常常让人难以置信，因为发动大规模报复行动是一个重大决定，仅仅因为一起小事件就做出这么大的决定，看上去实在不合情理。然而，如果事件一再发生却不做回应，人们对报复行动的恐惧就会消失，此时再发起报复行动就太迟了，就只能起到惩罚的作用，起不到威慑的作用了（因为人们不再会严肃对待了）。因此，以色列采取的回应行动非常有分寸，且越来越有针对性。

每发生一起恐怖袭击，巴解组织的一个营地就会遭到空袭。

英国政府驱逐了一位尼日利亚高级官员，理由是有人策划要绑架一个在伦敦流亡的尼日利亚人，而这位官员对此知情。尼日利亚政府的回应是以牙还牙，同样驱逐一位英国高级官员。美国政府为伊朗国王提供庇护，结果在美国驻德黑兰大使馆发生了人质劫持事件，这也是一种以牙还牙。

苏联抵制洛杉矶奥运会，正是对美国抵制莫斯科奥运会的报复。

"以牙还牙"这个模式的缺点是，它完全忽视了第一次行动的正当性，因为在受害者看来，第一次行动是不正当的。任何国家，无论国家多么小，都能采取以牙还牙的行动。从某种意义上说，以牙还牙这个概念在全世界制造了大量的人质。

"以牙还牙"这个模式的优点是，它是有节制的、有分寸的。它本身就是一个完整的行动，不必升级到更加严重的冲突。它的另一个好处是，以看得见的实际回应来制止不正当的行为。

威慑

威慑覆盖的范围很广，从核威慑到害怕受到联合国大会的谴责。核威慑之所以奏效，在某种程度上是因为一方对另一方的理智抱有怀疑。假设苏联突然入侵奥地利，那么北约（NATO）就要在约定的常规防御期满时决定是否动用核武器。世界真的会为拯救奥地利而发动一场全面战争吗？理智的回答可能是"不会"。但是由于苏联人不太能完全信赖这个理智的回答，核威慑就对他们有作用。此外，如果苏联人真的担心可能受到来自欧洲核导弹先发制人的攻击，那么这种担心很容易打消，只要想一想导弹发射地所在的国家会如何做决定。荷兰或意大利会选择率先对苏联发射核弹吗？

要使威慑奏效，就必须平衡利益得失。在讨不到太多便宜的地方，威慑更能发挥作用。为什么要为这么点收益冒那么大的风险呢？这就是苏联领导人赫鲁晓夫把导弹从古巴撤回去的原因。这也是为什么核威慑可能在欧洲奏效。如果电栅栏围住的只是一件普通的珠宝，那么这件珠宝很可能是安全的。如果电栅栏围住的是一件名贵的珠宝，那它可能起不到什么保护作用。

由此可见，只要胜利的果实微乎其微，威慑就会产生很好的效果。因此，我们也许应该开展一些思考，找出一些方法，让占领另一个国家变得困难且毫无价值。例如，我们可以设计一款廉价的人身攻击武器，生产出几百万个埋入地下。每件武器都会释放出伽马射线，不受欢迎的访客经过它时就会接受一点辐射。如果这个访客经过几百次，那么他就会死去。这是一种民主暴力，因为它通过累积"死亡票数"来运作。这个提议只是一个比喻，用来说明一种让占领其他国家变得困难的方法。瑞士的高强度军事训练如出一辙，入侵瑞士所要付出的代价远高过所能得到的利益。

害怕失败

起初，对失败的恐惧能够阻止各方陷入冲突。矛盾的是，一旦冲突爆发，对失败的恐惧往往会让冲突继续下去。这是因为任何出路都会被视作某一方的"失败"。失败的一方宁可拖延时间，让失败的那一刻晚些到来；失败的一方还可能想要等待转机，希望发生对自己有利的变化。所以，我们必须有能力设计出不让任何一方"失败"的方案。我的发现是，这一点很难做到，因为冲突各方都认为别人是错误的，错误的行为必须用失败来惩罚。为冲突的一方设计一条有回报的出路，完全违背了人们视冲突为对抗的基本模式。正如我在本书其他地方所说的，我们需要在这一点上投入大量的设计工作。出路就是出路，不是失败。

武力

如果没有武力，还会有冲突吗？即使是在显然不能使用武力的修道院里，也照样发生利益上的冲突。存在各种各样的武力，不只是身体上的。在修道院里可能有道德上的武力、情感上的武力、不合作的武力、不赞同的武力，以及其他微妙的武力。不合作的武力能左右局势，印度甘地领导的不合作运动，或是工人在罢工中撤离工厂的举动，都是明显的例证。武力除了会带来身体上的痛苦，还会带来系统上的痛苦。当一个系统崩溃时，那些从系统中受益的人们就会感到不舒服和苦恼。

人们使用武力来挑起冲突、加剧冲突和终止冲突。几个世纪以来，军事武力和身体暴力一直是争论的焦点。取得胜利的一方往往都是拥有强大物资支持的一方——至少目前是这样。

在个人身体对抗上，一些文明发展出了武术，通过使用技巧对抗强大的攻击者。这些武术包括柔道和合气道，它们都是利用攻击者的力量来击败攻击者。在团体力量方面，我们从来没有设计过任何可以与武术相媲美的东西，最多也就是像联合国这样的机构，在这些机构里，一个受欺负的小国可以控诉侵略者，其他国家听到后会谴责侵略者。

技术确实正在改变军事武力的整个模式。现在已经是比导弹的时代了，人民再英勇也替代不了技术上的抗衡。肌肉已经不那么重要了。先进的导弹系统大大优于落后的导弹系统。一架装载高级导弹的飞机能够击落数架装载低级导弹的飞机。肩扛小型导弹发射炮的步兵可以击毁大型坦克。这意味着，大部队一直以来所拥有的优势一去不复返了。这也意味着，可以训练一小队人使用从其他国家进口的尖端武器。这还让人们几乎相信，总有那么一天，对两国武器的性能做技术对比会取代两国真正开战。比较两国的武器系统就能看出来哪个国家在当下具有优势。

在战场上试验各种武器，是巨大的浪费，代价高昂，毫无意义。如果在设计武器系统时能把像意外这样的元素排除出去，那么真正开战就没有什么意义了，除非是要检验双方的组织能力。如果发射一枚导弹会自动触发一枚反导弹，那么真正开战就是无益的——所以才有里根总统的"星球大战计划"。

在某种程度上，小范围的战争已经演变成武器试验系统

（以色列—叙利亚、伊拉克—伊朗，等等）。大范围的战争已经被替代，演变成意识形态试验系统。

强权

能够拥有和投放大型炸弹是大国强权的象征。生产大型武器需要经济资源和技术能力支撑。小国生产不了这些东西，但是可以购买。如果没有武器贸易，那么局部地区的战争将难以为继。强权最终掌握在大国手里，大国是否愿意出售或者提供这些武器，制约着地区的冲突局势。大国已经对武器贸易实施了一定程度的控制，它们不会把相对强大的导弹系统卖给小国。但是它们都没有对传统武器做限制，自家不卖，别家也会卖，没必要减少自家的销售收入。

武力中断

在铁轨上放置一大块混凝土致使火车脱轨，要比设计机车和修建铁路容易得多。中断和破坏的力量总是大于阻止它们发生的力量。因此，游击队和恐怖分子在行动方面具有优势，行动能否取得成果才是重点。游击战发展成内战，就有可能取得跟普通战争一样的成果：夺取国家政权。如果不能取得这样的成果，那么游击战的作用就只能是保持人们对事态的关注，破坏政府的稳定，或是维系游击队员的使命感。游击战打到后面变成谈判，这种情况是非常少见的，因为游击队员一旦暴露在谈判现场，他们的人身安全就难以保障了。从理论上讲，一支游击队是能够跟政府就某些权利进行谈判的，如果他们的要求被满足，他们就会"安静"下来，直到有需要才再度活跃。然而麻烦在于，游击队在安静时期会失去战斗力，这样的团体，在本质上，会变成压力集团。

采取抑制手段

只要一个系统在运行，那么系统的任何成员都能通过不合作让系统停滞。我在本章开头提到过这种不合作的武力。在马德里举行的一次安全会议上，马耳他不同意会议形成的结论，由于会议设定了任何结论都必须全票通过的规则，所以会议就只好拖着，一直拖到八周后增加了关于地中海安全会议的条款。美国退出联合国教科文组织，导致联合国教科文组织损失了四分之一的预算。苏联退出日内瓦"削减战略武器谈判"，谈判者不是拒绝会面，就是在开会时离开会议室。

在某种程度上，采取抑制的手段是荒谬的，因为它极其没有建设性，而且又如此易于使用。它可以是一种勒索，就像英国与欧共体（欧洲经济共同体 EEC）在预算问题上的扯皮一样。撒切尔夫人拒绝批准欧共体的新筹款提案，欧共体于是拒绝执行已经约定给英国的折扣。

经济制裁是采取抑制手段的另一个例子。

虽然采取抑制手段在某种程度上是荒谬的，却也很有价值，因为它体现了世界事务环环相扣的本质——这一本质可能会让不通过战争解决冲突最终成为可能。然而，在实施经济制裁的时候必须保持高度敏感。如果凡事都动用它，那么它的意义就不大了，还会威胁到整个经济系统。如果一动用它就用到最严厉的程度，稍有不同就高举大棒，那么它的意义也不大了。我们需要一种更为敏感的控制，也许就像对利率的控制那样。如果某个独立机构判定贵国的做法是错误的，那么给到贵国的所有国际贷款的利率将上调几个基点。

这是一个需要特别认真考虑的领域。经济制裁通常会失败，要么是因为有国家需要从被制裁国那里拿走东西（比如津巴布韦或南非的战略矿产），要么是因为有国家有办法绕过制裁并从中捞到经济利益。对这些事情的监管总是不够的，对不服从制裁的国家的制裁也不够。传统的法院体系行动过于缓慢，程序过于复杂。

劫持人质

最赤裸裸的做法就是劫持人质或绑架。用系统的术语来说，它是当一个力量在其他地方都难以奏效时，把这个力量集中到本地。真正被劫持的是被攻击方的态度。它可能是一个家庭对被绑架孩子的爱，也可能是一个国家对其无辜公民的关心。

给予机会和奖励

有趣的是，在遇到冲突时，我们想到的总是使用武力和施加限制。对抗模式真是根深蒂固。极少会有人想到给予奖励、给予机会、给予利益和增加吸引力，虽然这些做法都是把人类行为引往某个方向的强大手段。当我们想要在冲突情境里应用这些做法时，我们却会立即把它们归入"贿赂"的范畴。由于人们对"贿赂"这个词的感受非常负面，所以此类考虑只能立即排除。这又是一个经典的、语言限制思维的例子。寻找机会解决冲突，这样做总会招来贿赂的指控。同样地，任何一方愿意接受机会解决冲突，也会招来**出卖**自己人的指控。人们期待一场战斗，想要一场战斗，任何其他出路都是令人失望的。只有拖到最后拖不下去了，才能接受谈判做出妥协。

我曾经提议，从经济上考虑，在某些罪犯出狱后给他们发放生活费。这意味着这些罪犯能获得一笔生活收入，不用再去犯罪。这还意味着，如果他们再次犯罪，就会失去一些东西。既然监狱里 80% 的罪犯都是二进宫，把人关在监狱里又要花那么多钱，这个提议就有一定的意义。但是这个提议与我们的"惩罚"概念背道而驰。给予罪犯奖励是荒谬的，是与"惩罚"概念矛盾的。类似地，无论以何种方式奖励冲突中的一方，都是与道德相矛盾的。

道德

在冲突情境中，道德是最实用和最强大的武力之一。从联合国的谴责决议到朋友们的规劝，不一而足。下面一节"公平"对道德做了最恰当的描述。之后，我将讨论错误的和违法的行为。

公平

"这不公平。"

从很小的时候起，孩子们就深刻地理解什么是"不公平"。如果强尼得到两块饼干，而帕特里克只得到一块，帕特里克就会叫不公平。孩子们还知道，要求公平在寻求大人帮助时很管用。出于某些原因，成年人成了公平的守护者。成年人的道德意识真的很容易被孩子们学去。

分辨什么是公平的（公正的、正确的）是文明的核心。我们倾向于认为道德约束是相当脆弱的，人的本性不太受道德意识的约束。我对此不敢确定。尽管个人或国家丝毫不受道德约束的例子不胜枚举，但我们不应该忘记，**在大多数时间里**，个人和国家的行为的确是符合道德规范的。强大的国家要是贪得无厌起来非常容易，没有什么能够阻止他们，除了他们自己的道德意识，以及其他国家对他们不端行径的义愤。

我提出这一点的原因是，我相信，总的来说，人们确实是相当有道德的动物。冲突之所以发生，不是因为人们缺乏道德，而是因为人们有不同的道德标准，或者看待事物的角度不同。

诉求的正当性

冲突之初，各方都相信——或者让自己相信——自己的诉求是正当的。阿根廷人认为，马尔维纳斯群岛本来就是阿根廷的一部分，因为它之前属于西班牙王国，在阿根廷解放之后，就应该属于独立的阿根廷，即使它数易其主，最后落到英国人手里。基于历史渊源索要主权，这样的主张是无力的，因为如果真要回到19世纪初，那么世界地图就得做大幅的改动，美国还得把大片的领土（得克萨斯州的大部分）还给墨西哥。从理论上讲，任何征服都是不正当的，因为征服就是征服。然而奇怪的是，更切实的主张——从地理上和从实际上看，马尔维纳斯群岛都是阿根廷的一部分，它只是作为殖民遗迹属于英国——却不管用，因为没有国家接受，以地理上的整齐划一为由，能合法地主张主权。南爱尔兰对北爱尔兰提出的任何诉求，都是基于历史和基于地理上的整齐划一的。

在其他一些时候，基于人口的种族分布提出讨论，要恰当得多。总之，你得根据你的诉求来选择正当的理由。

正如我在前面的章节里提到的，在很多情况下，要让一个诉求合法，只要从一堆多用途的"正义"词里挑出几个堆到一起就行了。这些词包括"权利""平等""压迫""剥削""民主""自由""独裁""欺凌"等。我并不是说，这些词都是虚假的标语，也不是说，贴上这些词的诉求就是不正义的。我只是要说，任何诉求都能变成对正义的要求，这很容易做到。

法律

有文明就有法典，法典的作用是简化道德审判。有了法典之后，就不必再研判每起案件的道德过失，而只需要对照法律（判例）做出判罚。法典让个人的生活也变容易了，因为大家都知道界限在哪里。即使法律不是很明确或者很全面，它们也是有用的，因为它们为法官和陪审团提供了评估依据。当一项法律与人们共识的行为相悖时，它往往会失去道德基础。在某种程度上，看起来过高的税收也会失去道德基础。

公约

《日内瓦公约》（Geneva Convention）是一个非常成功的设置。从人道主义观点出发，很难用常规的法律来处置战俘和战争行为。对每个案件都进行研判和谴责，将会导致无休无止的争论和辩护。设置一个中立的公约，做法虽然武断，但却立即对如何处置战俘和战争行为做出了规范。什么是允许的，什么是不允许的，都有详细的说明。任何破坏公约的人都知道自己触犯了哪一条。于是破坏公约就变成了个人耻辱，破坏公约的国家会遭到国际社会的谴责，国家颜面受损。

我们可能需要更多的这类公约——可能需要一个针对恐怖行径的公约。

所有国家的宪法，实际上都是这样一类公约，而不是一部法律。公约的优点是它可以为行为制定规范，而法律只是指出不能做的事情。

有些国家觉得，自己制定的人类行为和人权的标准是被普遍接受的，所以任何违反这些标准的行为都应该受到打击。这就给了这些国家干涉别国内政的权力。

国际论坛

设置像联合国这样的组织，是为了提供一个国际论坛，让各国能够公开地对其他国家进行评判。这样的设置有两个作用：一是以联合国决议的形式，告知公众某个国家的行为不当；二是利用同伴压力开展"评判"。

陪审团模式下的同伴压力只有在各方都保持中立和独立时才会起作用（例如在法庭上）。如果各方组成联盟或者权力集团，那么整个陪审团模式就失去意义了，取而代之的是议会模式，在议会模式下，一方做的任何事情都是正确的，另一方做的任何事情都是错误的。尽管联合国是作为独立国家的集体设置的，但是到了现在，它的运作明显更像是几个联盟间的博弈。这意味着，只有非常严重的错误行为才会受到联合国的谴责，而且最严厉的谴责也就是友邦国家投弃权票了。

然而,一个国际机构发出的谴责,确实在道德上具有相当大的价值。在实践中,人们可以忽视这样的谴责,却无法消除它。人们可以驳斥这样的谴责,但任何驳斥都无法抹杀它。以色列人因此养成一个习惯:赶在联合国组织各国开会和发表决议之前,把所有的事情都做完,在联合国发表决议之后,什么也不做。

同伴压力

对青少年来说,同伴压力是最有效的压力形式。如果一个青少年的同伴都吸烟或都吸毒,那么这个青少年也会吸烟或吸毒。如果他所在的群体以殴打老妇人为乐,那么他也会殴打老妇人。对于国家及其领导人来说,同伴压力也非常强大。当同伴们以一种非正式的、持续的方式施压时,同伴压力的作用更大。没有人喜欢被孤立。如果周围的人都跟自己意见不同,任谁都会怀疑自己的判断。

有时候,朋友们会觉得出于忠诚他们应该互相支持,即使彼此意见不一致。如果你期望忠诚,那么你必须报以忠诚。这意味着朋友们在公共论坛上不太会表达不一致的意见。因此,以一种非正式的方式来施加同伴压力,可能是最有价值的。这是 SITO 可能发挥的作用之一。

有时候会发生这样的事,在公开场合愤怒地谴责盟友(就像撒切尔夫人谴责里根入侵格林纳达那样),却在私底下表达支持。我在本书前面(见第 10 章"表明立场"小节)提到过同时与两个不同群体进行沟通的困境，这是又一个例子。

公众舆论

在媒体自由活跃的地方，公众舆论在表达道德义愤上起到决定性的作用。在新闻媒体受到中央管控的国家，公众舆论的作用难以评估。口头传播有效吗？有充分的渠道获取其他信息吗？

在其他一些国家，公众舆论虽然不能直接改变任何事情，但似乎的确具有强大的影响力。可能是因为这些国家就是需要得到民众的欢心，也可能是因为一种意识形态需要获得民众的认同。只有说服别人接受，才能确保别人信服，这是意识形态的特点。

如果公众舆论的强度能够得到有效的调节，那么利用公众舆论施压就会有效得多。无论发生多大的事件，都配上惊悚的标题和大肆的谴责，这样的公众舆论很快就会变陈词滥调。它不仅会失去道德谴责的价值，还会沦为琐碎的政治口号——总之，做什么都不好。

基金

"基金"在这里是指"成本"。"基金"英文单词的第一个字母是"F"，用"基金"这个词就正好能凑出以字母"F"开头的四个要素：恐惧、武力、公平和基金。

福克兰群岛战争大概花费了 20 亿英镑。在福克兰群岛上维持一支像样的军队，每年大约花费 6 亿英镑。当时岛上只有

1800个居民。战争的费用再加上一年的军费，摊到每个居民头上，差不多就是人均150万英镑。这么大数额的补偿也许足以吸引大多数岛民在别处安家。当然，这样的想法永远不可能实现，原因有二：首先，道德准则从来都不能出售，也不能用金钱来计价；其次，事后得出的成本是无法在事前计算的——即使可以计算，议会也不会投票把这么大一笔钱花在非军事目的上——花在军事目的上，他们倒是乐意的。

1984年英国矿业工人罢工，估计每周损失7000万英镑（每天1000万英镑）。这包括生产上的损失、额外产生的发电成本、额外产生的钢铁生产成本、在税收上的损失等。这个损失不断累积，必定会超出维持不挣钱的煤矿继续运转（罢工的原因）所需的成本。然而，原则并不是用来出售的，并且这件事关系到整个英国工业的盈利水平。有人断言，如果对矿工让步，那么补贴不挣钱的工作岗位就会形成一个定例，最终导致英国工业在世界上失去竞争力。

大多数冲突的成本会很快飞升，超过冲突对各方有意义的临界点。成本应该是决定冲突是否值得持续下去的**主要因素**。但是在实践中成本很少被考虑，因为人们认为金钱和权利是两个分离的世界。在一些情境里，例如工资谈判，人们总是觉得提高工资水平会带来长期利益，即使这样做在局部逻辑上是不利的（得不偿失的）。

也许应该设立一个"冲突成本评估办公室"，负责编制费用文件让冲突双方看。或许可以在发生冲突后进行"冲突审计"，以显示实际发生的费用。基于成本意识建立某种文化，也许能降低冲突作为解决争端手段的吸引力。

如果能始终清楚地看到冲突的累积成本，那么冲突各方就有可能希望通过设计一条出路来结束冲突。不幸的是，这里可能存在一个悖论。如果某一方付出的成本已经很高了，那么这一方可能不得不坚持到最后——无论是胜利还是失败——因为成本已经太高了，不可能走谈判的路了。因此，很有理由把奖励设计进方案，即使这在道德上说不过去。

除了武器成本和贸易损失，通货膨胀也是常见的成本。战争时期常常会发生通货膨胀。

毋庸说，成本不仅仅是金钱，它还包括人的生命和苦难、熟练工人的流失、耕地的荒芜、士气的低落和世界面貌的改变等。

很明显，如果你必须捍卫你的生命（或是你的自由），那么付出任何代价都可以。然而，这种情况只发生在部分冲突里，如果我们在全部的冲突里都以类似方式对抗，这样做将是荒谬的。在其他大部分冲突里，对成本的考虑应该更重要。不幸的是，人们很难相信，不把钱花在冲突上，而是花在别的地方能换来更多收益。也许每个国家都应该设立一个引人注目的"冲突基金"，如果在一年之中都没有因为发生冲突动用到它，那么到了年底就把它用到能看见收益的地方。

如果有一天，个人和国家都认识到没有人能够承受冲突，我们目前解决冲突的方式就会从粗糙走向精致。

17

对冲突的态度

不幸的是，卷入冲突的人是不敢承认他们对冲突的真实态度的，哪怕是对自己承认。如果非要他们承认胜利的希望渺茫，那么他们的信心和决心就会动摇，他们的支持者也会离他们而去。我一直对腓特烈大帝的胜利感到惊讶，经常是他损失土地和人马，可胜利者仍然是他。我后来理解了这完全是士气问题。腓特烈大帝先让自己相信自己赢了，再让他的军队相信自己赢了，很快让他的敌人也相信了——即使其实他是输掉的。因此，在冲突中，对抗的双方保持完全不切实际的信心是很有道理的。在轮盘赌桌上，每开始新一轮，都可能发生任何情况，但到底会发生什么情况却也不确定。但是，当你只能在失败和希望之间做选择时，你还是会选择希望。因此，我们更有理由要为冲突设计出来不会被人们视作是失败的出路。

制造冲突

必须要说的是,在大多数情况下,冲突的发生是因为双方都想要它发生。现在我们可以排除公然的侵略行径。但是在第一次世界大战的时候,人们普遍觉得应该发生一场冲突。至于以什么借口或者直接的原因引发这场冲突,反而不那么重要。

在动物王国里,冲突的目的是建立对另一方的"全面统治"。要成为狮王,年轻的狮子必须挑战年长的狮子。如果有另一只雄海狮觊觎海滩上的雌海狮,那么原配雄海狮一定会出来宣示主权。群狼里的头狼和猴群中的猴王必须不断地显示自己的统治地位。因此,我们倾向于把冲突看作是建立统治地位的一种方式。处于统治地位能拥有的席卷性优势,激励我们无论如何都要变得强大,都要把对手碾压过去让其臣服。建立统治地位后,你就不必再为每件事的对错进行辩论。你要做的就是让大家都知道你是"首领",你做的事都具有永久的正当性和充分的理由。在罗马帝国和大英帝国的鼎盛时期,这种统治方式运作得极为顺畅,它的实用性可以展开说很多。在这里我们不要把它作为一个模式来抨击,我们只要看到它不再适合今天的武器时代。

工会对管理层开战以显示谁的意志将占上风。政府对矿业工人工会摊牌,目的是让其他行业工会服从秩序。

当然,这是以雄性的视角看待冲突。冲突的内容不重要,重要的是胜者对败者的统治地位。

享受冲突

我在本书其他地方提到过,让冲突延续下去可能是符合一方甚至双方利益的。利益分各种情况:可能是需要把人们的注意力从其他事情上转移出来;可能是需要创造一个外部敌人而加强内部团结;可能是需要借助冲突来突出自己的重要性;也可能是政客们更喜欢被动响应,发生冲突后被动响应要比在风平浪静时主动作为风险小得多;还可能是媒体煽风点火,把冲突变成了一场赛事,每天记录各方在赛事中的得分。我们需要仔细查看冲突延续会带给各方什么价值。

冲突点

冲突双方都会努力澄清在某些基本点上的分歧。正如一个成功的广告必须有一条标语那样,一场像样的冲突也必须有一个简洁的标题。如果实际问题比较复杂,那就提取一个相对简单的标题。像"个人自由"这样的标语,通常可以贴在任何冲突上。只要贴上这条标语,对方在做的就是威胁个人自由。这个推论很符合逻辑,如果你方想要的东西与对方的愿望相反,对方就一定会阻止你方得到想要的东西,即剥夺你方的选择自由。

这里的重点是,我们在试图解决冲突时往往会直击冲突的核心,我们认为它就是核心的冲突点。然而这样做是错误的。核心的冲突点通常根本不是冲突的真正原因,它只是一条起到传播作用的标语。

如果不去触碰核心冲突点，可能冲突都不会发生，因为通过讨论可以单独解决每个分歧点。

在抗生素问世以前，人们处理脓肿的方法就是等到冒出脓头后再挑破脓肿排脓。这个概念也可以用在解决冲突上：等找到冲突的真正原因再处理核心冲突点更为可行。就着冲突把气氛换一换，把事情理一理。

正如在前文提到过的，用设计模式解决冲突，在开始时会避开核心冲突点，直到最后才会着手处理它。

我们能得到我们想要的

在开始的时候，各方都是这么想的，各方都信心满满。看起来事情很可能朝着我们想要的方向发展。在田径比赛中，有获奖机会的选手在比赛刚开始时都会觉得胜利在向自己招手。如果我们有一种更好的方式来评估冲突可能造成的结果，而不是像现在这样盲目地抱有希望和一厢情愿，很多冲突可能就不会发生。也许我们需要有一群技术熟练的人员，专门评估冲突可能造成的结果（以及成本）。

错误的自信和对正义的陶醉，一直都很难处理。提醒这样的人保持敬畏和谨慎，也起不了什么作用。我们需要构建一个有力的意象，对比呈现冲突中的理智行为与幼稚行为。也许为了体现规避冲突的价值，我们应该练习停在冲突的边缘，让冲突不再继续。

带点东西走

冲突会发展到一个点,到这个点,也许因为成本,一方会率先认识到不可能取得之前想要的胜利。此时,这一方就会想要有尊严地退出,并拿走一些东西来抵偿付出的成本和努力。正是在此时,设计工作十分关键。我们既要设计出面子上的利益,也要设计出实际的利益,让退出冲突成为一个真正的机会,而不是逃离灾难。

被迫继续下去

我们可能是被迫继续下去:因为我们通常是在胜败的概念模式里看待冲突;因为我们觉得对方是错误的,必须受到惩罚;因为辩证法意味着,只有对方是错误的,你才能是正确的。所以我们不甘愿让对方逃脱责任。如果对方已经跪倒在地,那就接着把他干掉。第一次世界大战结束后,德国被要求赔偿的数额远远超过了他们的支付能力,这在德国造成了可怕的通货膨胀,直接导致了希特勒的上台和第二次世界大战。相较之下,德国和日本在第二次世界大战后受到的惩罚就要宽松很多,结果是两个战争中的敌国转变成坚定的盟友。

宗教中的负罪,以及罪与罚的概念,不应该用在解决冲突上。我们应该明确,冲突绝不是解决问题的实用、有效的途径。不幸的是,在很多情况下,冲突是唯一的途径,因为我们还没有设计出更好的途径。所以,我们需要在这里开展一些设计思考。

完全的胜利只在逻辑上有意义，因为人们认为"冲突"必然会以一方取得胜利告终。除此以外，找不出其他理由来证明，完全的胜利是有意义的。羞辱无助于改善双方的关系，也不会增加任何实际价值。

不以胜负论结果

其实完全有可能，卷入冲突的一方并不打算非要获胜。他们可能抱有别的目的。人们所希望的，可能是一种妥协，甚至是一种永久性的对峙。这可能就需要某种设计来解决。

冲突可能是激活系统并产生进展的唯一实用手段。但是，其实我们需要的是行动，而不是胜利。令人遗憾的是，阿根廷人在入侵福克兰群岛时并未表明这样的意图。

还有一种情况是有意采取蚕食策略。在这里，冲突不是为了取得最后的胜利，而是为了推动事情一小步一小步向前发展。争取公民权利和妇女权利的运动就属于这一类。

坚持住

这里的关键问题是，冲突各方是否有能力控制局势，还是一直在硬撑。对抗的动力可能会让局势发展到这样一个阶段，一方（甚至双方）深陷困境，除了勉力维持别无他法。只要是当下需要的行动他们都会采取，他们希望冲突最终会自己解决。

这种情况完全是荒谬的，冲突变成一种类似弗兰肯斯坦的怪物，冲突各方都是满足它胃口的食物。

在一个允许互动的情境里,很容易焕发生命力。这是因为在这样的情境里,不会有一方独霸局面,任何一方都能按照自己的意愿做反应,不受其他方的控制。

所以,我们更有理由通过 SITO 这样的组织联合起来控制局面。无论在讨论开始时"对抗"模式有多么强大,一旦它失去控制地位,协作设计模式就会成为主导。如果拳击台着火了,那么两位拳击手会合作扑灭火焰。

第五部分

解决冲突所需的组织结构

18

为什么现有的组织结构不足以解决冲突

"我想请你为我设计一辆最棒的赛车,用上所有最新的知识和研究成果,比如地面效应等。这辆赛车还得适合我妻子开,她要开车去购物。总之,你懂的,要开起来顺、停车容易、上下车方便,当然还得是自动档。"

"你想要一辆多用途汽车,既能开着它去参加国际汽车大奖赛,也能开着它在周六早上购物,对吗?"

"不,我不想要一辆多用途汽车。多用途汽车就是因为能做很多事,所以哪件事也做不好。"

"我会把它设计成赛车,不过,你的妻子开它去购物的话,就得习惯一下了——她不一定会喜欢这辆车。"

"你被解雇了。我都坐在这里说得这么明确了,怎么可能设计不出来?我再找个设计师。"

上面这段对话里清楚地透露出一条原则：如果某样东西是为某个目的设计的，那么它就不太可能适合其他目的。这不该归罪于这样东西的结构，也不该归罪于设计师。

上面这段对话里还透露出一条原则：说某样东西是"多用途的"，并不能把这样东西就变成是多用途的。这样东西可能完全不具备多用途的结构，尽管我们能把各种用途都说清楚。

在这一章里，我想探讨我们现有的解决冲突的组织结构。往好里说，这些组织结构是不够充分的；往坏里说，它们真的很危险，实际上会加剧冲突。由于我们处理冲突的方式是粗糙的、原始的、过时的，所以我们现有的解决冲突的组织结构也是如此。我对改变这些组织结构的功能和效能不抱任何希望。它们受自身架构、自身历史以及运用它们的人的限制。它们还受制于人们的期待：人们期待它们就这样继续运作下去。在下一章里，我将提议一个新的结构：SITO。

不充分性

如果我们对现有的解决冲突的组织结构进行观察，会发现靠它们无法完成某种任务。可能是因为它们从来都不是为了完成那种任务而设计的；也可能是因为没有其他办法了，只能拿它们来凑合。有一次，我不得不用包上铝纸的煎锅熨烫一件礼服衬衫，因为我找不到熨斗。还可能是因为，这些组织结构曾经是充分的，但是它们的结构设计决定了它们必然会在本质上发生改变，使它们变得不再充分（就像联合国的情况）。最后还可能是因为那些任务的本质改变了。在今天，解决冲突可能跟在30年前解决冲突大不相同。

我们常常错误地相信"通才"，认为一个人只要是通才就能做好任何事情，或者一群通才以一种结构组织在一起，就能主导任何方向上的事情。这是一个严重的错误，由一群通才组成的组织里，照样存在局部逻辑和个人逻辑空间（见第5章"个人逻辑空间"小节）。一个组织在设计成型的时候，它的特定功能就被确定了，由此它的通用功能就极大地受限。一个组织的结构就跟一辆汽车的结构一样真实不虚。

如果我们现有的解决冲突的组织结构都是不充分的，那么我们就不太可能很好地解决冲突。解决冲突对我们至关重要，所以我们不需要也不应该容忍这种不充分性。解决冲突可能是人类未来最重要的命题，也是世界延续最重要的命题。我们以如此不充分的方式解决冲突，真的够好吗？

自满

自满是最大的危险。如果有一个组织结构，运作起来非常差劲，我们却还很高兴，那只能是因为**我们想象不出来它怎样能运作得更好**。这意味着，我们缺乏愿景，同时缺乏对人类思维的理解，这可是非常严重的障碍。如果一个人没有抱负，看不到自己的工作怎么能做得更好，那他就会对目前的工作状态感到自满。没有什么比缺乏愿景更让人盲目的了。如果我们真的对现有的组织结构感到满意，那一定是因为我们相信它们是完美的，或者我们根本想象不出来有什么更好的东西。这整本书的目的都是要让大家知道，可以有更好的东西——不管是解决冲突的模式，还是解决冲突的组织结构。

关于自满，我不只是要指出这样一个危险：一个组织在遭到批评时，会自然地为自己辩护。我预期我在这本书里提到的所有组织的成员都会发表声明，声明他们完全有能力履行我在这本书里所描述的职责。这是预料得到的事情。我更要指出的一个危险是，一些人把不充分的组织结构视作是充分的，这个危险更大。这完全阻碍了人们对更好设计的探索。汽车设计在材料、经济性、安全性、操控性等方面都远远落后了，就是因为所有人都满足于现有的设计。

危险

我在这里要谈的不是缺失的危险。一个有缺陷的结构会导致缺失的危险：因为结构有缺陷，所以事情运作不起来。我要谈的是过载的危险。开赛车去购物，可能不容易找到地方停车，这是缺失的危险。但是赛车的瞬间加速功能有可能导致严重的事故，这就是过载的危险。我们现有的很多与解决冲突相关的组织结构，不仅不能解决冲突，还会激化矛盾，把事态变得更严重。例如，民主辩论非但于事无补，还会把人们带入对抗的思维模式。我们可能不必太过担心设计出来的赛车不能赢得每场比赛，但是我们必须避免去超市购物的妻子在高速路上撞到其他人。

结构逻辑

我想要让大家明白的是，我对现有组织结构的批评完全不是在说，运作这些组织结构的人不胜任，需要提升这些人的士气和绩效。我也不是在抱怨说，人们总是基于不恰当的、难以奏效的辩论模式进行思考。如果事情只是这么简单，那么搞一些严格的培训就能解决问题了。我的不满是更为底层的。就像一个人有他的个人逻辑一样，一个组织结构也有它的个体逻辑，这个个体逻辑源于这个组织结构的宗旨、架构和职能。赛车有赛车的逻辑，家用车有家用车的逻辑——这与开车人的驾驶技术不相干。

如果美国政府出现预算赤字，由于美国的国防开支和大多数的政府开支都有立法保障，那么美联储就有可能提高利率。这就会对第三世界债务国产生双重的不利影响。高利率的通缩效应，会让经济复苏放缓，第三世界国家会失去通过出口和提高商品价格赚钱的机会。债务国必须为债务支付更高的利息，这将导致它们对国内的生产性投资减少。然而，美联储和美国政府都有着一样的局部逻辑，就是以美国经济和美国民主选举为重。事实上，世界其他国家和地区也都是直接相关的，只有健康的美国经济才能带动经济在全球范围内的复苏。由此可以看到，当前全球经济的结构决定了经济运行的逻辑。我需要一再强调的是，世界上的麻烦，部分源于人们的思维能力不足（人们仍然在沿用已经过时的思维模式），部分源于人们被现有的组织结构束缚，人们曾经是这些组织结构的设计师，现在却是它们的奴隶。人们不是太无知，就是太自满。

联合国

人们当时设立联合国，应该是为了行使我所提议的SITO要去行使的职能。

建立国际论坛是一个自然的、出色的想法。即使我们看到联合国的失败和缺陷，也不应该忽视它所取得的巨大成功，事实上，如果没有联合国的存在，情况可能会更糟。我非常清楚它的卓越贡献，我是在此基础上发表我的评论的。

由于不太可能存在唯一的世界权威，所以任何国际组织都必须从会员国那里获得权威。如果一个组织的会员国包括世界上所有的国家，那么这个组织获得的权威就是完整的。这样的权威，跟市政厅的权威，或是其他民主结构的权威，在本质上是一样的。一个会员组织的权威是由会员赋予的。

在发生冲突需要解决的时候，会员国有联合国这个场所，可以在那里对冲突和潜在冲突进行辩论。还可以利用联合国的渠道举行会议和开展交流。可以在私下讨论问题，也可以公开讨论问题。

如果有必要谴责某个国家的某个不当行为，联合国会通过一项决议，建议停止（或者启动）某个行为。这就跟常规的陪审团审判制度一样，审判的效力来自同伴压力和偶尔采取的经济制裁的压力（以及派驻联合国部队的监管压力）。审判的效力主要还是来自同伴的谴责。

陪审团制度在很多国家是法律体系的基础。一群与案件没有直接利害关系的人，在法庭上听取对案件的陈述，就案情发生过程发表各自的意见，然后由法官按照法律宣判。

陪审团制度只有在陪审团成员与案件无关的情况下才能发挥作用。在某些审判中，挑选陪审团成员会花费很长时间，因为他们不仅必须与案件无关，而且必须对案件没有任何先入为主的想法或偏见（他们没有被新闻报道影响，他们没有相关的种族背景，等等）。（在美国）如果辩护律师认为陪审团成员与案件的隔绝程度不够，陪审团成员会走马灯似地换人。

在联合国成立之初，各个国家保持独立，也许还有可能。但是不久以后，国家之间就开始形成真正的、事实上的联盟，这样一来，"陪审团"的概念就行不通了——它已经不复存在。在联合国，东西方势力集团反映了两个超级大国之间的意识形态冲突。南北联盟分歧反映了第三世界和发展中国家与发达国家之间的利益冲突，前者会投票反对后者的提议，认为那是后者对自我利益的保护。还有一些特殊的联盟，比如北约。发生冲突的两个国家可能同时属于两个以上的联盟，福克兰群岛冲突就是一个典型的例子。

美国作为英国的北约盟友，支持英国。阿根廷和美国同处美洲，美国对其在拉丁美洲的形象极为敏感，再加上美国政府中有一部分人认为阿根廷的做法有其情有可原之处（虽然在方式上不当），美国又觉得有义务支持阿根廷。对意大利来说，这是一场欧洲盟友和北约盟友之间的冲突，由于阿根廷有35%的人口原籍是意大利，所以意大利对阿根廷抱有同情。

解决以上分歧的难度这么大，恰恰印证了成员国联盟的巨大影响。在关乎以色列的问题上，伊斯兰世界肯定会投票反对以色列，美国肯定会投票支持以色列，强大的犹太团体会游说美国政府，美国政府对以色列也有承诺。这样的投票套路，或多或少已经是固定的了，人们不会像在不结盟的组织里那里，就事论事地投票。事实上，不结盟国家本身也形成了一个集团，联合起来投票反对大国的利益诉求。联合国已经变成了一个巨大的舞池，每支舞谁会牵谁的手下场，就看演奏什么乐曲了。

简而言之，联合国已经成为类似议会或众议院的组织。这样的组织有它们的优点，但是它们显然难以在解决冲突时运用陪审团制度。

正如我将在第18章"政府机构"小节讨论的，议会模式在解决冲突方面有严重的缺陷。议会模式非常简单。我党的主张自然是正确的。其他党派的主张自然是错误的、毫无意义的。人们不再依据一个主张的价值来决定是否采取这个主张，因为对党的忠诚必须放在首位。任何人，只要在一件事情上没有展现出对党的忠诚（即使这样做违背他个人的判断），就难以在未来号召其他人对他忠诚。

毋庸说，联合国一旦转入议会模式，人们的思维方式就必定切换到不充分的、危险的辩论模式，我在前面的章节里谴责过这个模式。议会模式只能以现在这样的方式运行，没有建设性的设计，只有攻击、防御和宣称正义。人们采取的很多行动，都跟解决冲突没有直接的关系，而是为了给其他国家和外界留下某种印象。于是联合国变成了一个展现冲突的舞台。在这个舞台上，完全找不到我在本书中所提倡的、解决冲突的设计模式中的任何元素。

可以这样说，一旦联合国不再能运作独立陪审团制度，而代之以议会制度，那么它就从一个解决冲突的组织变成了一个助长冲突的组织，国家间的冲突在这里播下种子并生根发芽，在外部世界体现为成员国联盟的不断扩张和巩固。

联合国这个组织当然没有回头路可走。

我还要在这里简要提一下另一个点。一旦联合国对某个事件通过一项"决议"，它就在这个事件上完成了一次审判。联合国对福克兰群岛事件通过的决议，实际上谴责了阿根廷的行为。这项决议一旦通过，联合国就不再可能独立于自己的决议之外。它不能一会儿当法官，一会儿又当陪审团。通过决议意味着联合国担任中立设计师的可能性立即被排除。在联合国，以任何形式进行投票都意味着不再可能开展设计工作，所以我把设计工作委派给了 SITO（超国家独立思考组织），我将在下一章说明 SITO 的运作方式。

我们不得不得出这样的结论：联合国受其组织结构的限制，永远无法运用设计模式来解决冲突。这在某种程度上是由它的代表列席制度决定的。代表们必须代表他们的国家，否则他们就会被能做好这件事的人取代。代表们不能脱离自己国家的利益。鼓励代表提出不同路线的情况只会偶尔出现，比如福克兰群岛危机中的珍妮·柯克帕特里克（Jeane Kirkpatrick），只有在这种情况下，一个国家能够同时出现在篱笆墙的两边。

联合国秘书长

在某种程度上，联合国秘书长的职能可以从联合国分离出来独立运作。联合国秘书长不是任何国家利益的直接代表，尽管定期举行的秘书长选举的确意味着对那些提名候选人的国家的依赖。即使秘书长在上任后是独立的，选举过程也会反映权力集团的利益。

秘书长的确能在一定程度上发挥调解功能，但这只是因为他是人们看得见的、公认的权威角色。他能够作为一个沟通渠道，能够主动召集会议。然而，这样的角色只是一个低调的调解人，离我所倡导的直接"设计"角色还很远。不过，需要秘书长担任调解人这个事实，却有力地说明了这其中存在真空地带——说明我们需要 SITO。

应当指出的是，秘书长不得不极度依赖自己的个人能力开展工作，因为人们只把他当作一个联络中心。他不能要求联合国提供任何官方资源，因为这样做需要立即（且不可避免地）提请和获得各国代表们的支持。SITO 的运作将与此不同。

实际上，联合国秘书长这个角色在一定程度上是有益的，只是作用非常小，这个作用的存在不是因为它有多少职能，而仅仅是因为人们需要一个沟通渠道，在这个沟通渠道之外再找不到其他渠道了。这也凸显了，我们对于更加有效的组织结构的需要，仅仅建立在个人良好意愿基础上的组织是不够有效的。

红十字会

红十字会作为一个中立的、独立的、受人尊重的组织，足以在解决冲突方面发挥重要作用。

红十字会会不时地介入诸如以色列和巴基斯坦解放组织交换战俘的问题。红十字会监督对《日内瓦公约》的遵守情况。红十字会在各种救济工作和人道主义援助工作中发挥着重要作用。这是一个出色的、运作非常有效的组织。

红十字会由两部分组成。一部分是在各个国家独立设立的红十字组织，它们结成红十字联盟（Red Cross League），由红十字联盟协调各国红十字组织的活动。另一部分是国际红十字会（International Committee of the Red Cross），它完全由瑞士公民组成，总部设在日内瓦。在战争或冲突期间，国际红十字会能够跨越国界采取行动。

国际红十字会是一个非代表机构，因此没有我在谈到联合国时所提到的代表机构的缺点。把总部设在瑞士也是一个优势，因为瑞士这个国家长期以来一直保有中立的声誉，很多国际组织都把总部设在瑞士（在经济上，瑞士不是中立的，而是坚定地站在发达国家和资本主义阵营这一边——与第三世界国家对立）。

由此我们会自然地想到，红十字会可以扩大其关注的领域，直接进入"心智上的人道主义"——换句话说，就是通过运用人道主义思维来解决冲突。尽管红十字会在思维方面不具备专长，但是它作为一个中立的、独立的组织却处在一个很好的位置上。

正是基于这样的想法，1984年，在莫斯科举行的国际红十字会大会上，一位苏联参会者提议成立一个小组，研究我所做的工作和SITO的概念。1984年7月，在挪威红十字会的倡议下，国际红十字会在奥斯陆举行了一次会议。在这次会议上，国际红十字会的雅克·穆里隆非常明确地表示，国际红十字会对其120多年来在人道主义领域所享有的声誉非常珍视。他们的感受是，让国际红十字会进入解决冲突的"心智"领域的任何举动，都有可能危及它的声誉，因为冲突中的任何一方都有可能认为国际红十字会是站在另一方的立场上。

我尊重这样的感受，我认为这是有理由的。然而，如果一个组织确实想要有效地解决冲突，那么这样的风险是回避不了的。国际红十字会的担忧倒也清楚地表明了，它无法运用设计模式解决冲突。这也就是为什么需要一个像SITO这样的、新的、专门从事解决冲突工作的组织。

红十字会无疑将继续作为一个服务组织，应各国的需要提供服务，执行诸如交换俘虏这样的基本人道主义任务。

从某种意义上说，SITO将不得不扮演"心智上的红十字会"的角色。

私下调解

一段时间以来,贵格会一直在暗中以非常低调的方式开展私下调解活动,例如它参与了尼日利亚内战的调解。

这种低调的调解在本质上非常类似给谈判机器加"润滑油"。举个例子,如果冲突双方无法对话,那么贵格会代表就作为中间人在双方之间传话。贵格会代表会设法取得双方的信任,站在私人的、非正式的立场上,纠正双方之间的误解,向一方解释另一方的动机和立场。

我不怀疑私下调解的价值,尽管它似乎是以一种临时特设的方式运作的。私下调解活动的出现,再次凸显了我们对SITO这样的正式组织的需要,我们需要这样一个组织在解决冲突方面扮演第三方角色,以永久中立的、独立的方式运作。SITO有可能为目前正在从事私下调解活动的人们提供行动上的支持和协调。这类支持是非常必要的,且有待加强(同时要保留人情味)。

然而,我需要指出,尽管SITO可能会不时地起到中间人和"润滑油"的作用,它的作用却不止于此。SITO不会仅仅关注在调解冲突上。根据我在本书中所倡导的"三角思维"的概念,SITO将直接参与解决冲突出路的设计。SITO不会只做一个跑腿,来往于冲突双方之间,而会做一个三方团队的组织者,带领团队为冲突设计出路。要完成这样的任务,只做中间人和"润滑油"是**不够的**。中间人和"润滑油"确实有价值,但是价值太微小了，被调解和润滑的冲突双方仍然处于对抗模式。必须有一个角色在解决冲突方面发挥更加积极的作用。

我在这里提到贵格会，是因为它是私人外交的一个例子。多年来还有很多个人一直在从事私人外交活动，他们建立了联系网络和信誉背书。SITO 可以作为一个协调组织与这些个人合作，这样的合作会有利于他们达成使命。事实上，SITO 希望依靠这些人的技能来执行任务。SITO 的基本运作方法之一就是找到一切能找到的解决冲突的技能资源。

我要再次重申，为冲突设计出路的第三方角色不同于调解员。这就是为什么有必要创造"三角思维"这个术语，由它来指代一个由三方组成的设计团队。第三方角色不是站在一旁的围观者。

政府机构

政府机构根本不是为了解决国际争端而设计的。政府机构是为了统治国家而设计的。没有理由认为统治国家的要求与解决国际争端的要求类似。

例如，美国在外交事务上极度缺乏连续性，这反映了这个国家的政治模式：总统换届（可能每四年一次）会导致政府人员更迭。这样的政治模式有很多优势，它能带来变化和希望，它能从外部引进人才（在英国或加拿大的模式下，几张令人生厌的老面孔有可能长时间盘踞在那里，难以指望发生快速的变化）。从国际的角度来看，这种连续性的缺乏会导致国际关系失稳，还会导致人际关系上的困难，基于信任的人际关系会因为连续性的缺乏而难以建立。正如我在本书其他地方提到过的，美国外交事务的不连续性与苏联外交事务的极端连续性形成了鲜明的对比。

尼克松总统在外交事务上被世界其他国家视为英雄。他结束了越南战争，恢复了与中国的关系。然而，在他自己的国家里，他被视作灾难。

很明显，维系国内统治的需要，不一定与解决国际争端的需要相一致。出于某些内部原因，还因为媒体在对公众做宣传时不得不简化问题，我们所见的各国政府在国际事务上的操作似乎都很情绪化，就好像是在托儿所里。他们使用的语言是"朋友"和"敌人"，甚至"暴徒"和"邪恶的霸主"。如果不是为了投媒体和公众所好，这样使用语言是极其荒谬的。还需要指出的是（我将在后面的章节里做更详细的说明），这样使用语言，在民主交流里是习以为常的事。如果只是在团体内部这样做，它是无害的，如果在团体外部还这样做，就很粗鲁了。

我在书中多次提到，我们不应该总是假设冲突双方都想解决冲突，某个政府也可能从持续的冲突中获益。可以借助冲突来分散人们对其他事情的注意力，可以通过制造外部敌人来转嫁民众对大多数事物的不满，可以借助冲突来提升士气，等等。显然，各国政府并不总是对解决冲突感兴趣，即使有些冲突不是由它们实际造成的。

任何政府机构想要扮演解决冲突的公共角色，都注定会失败，因为很难真正建立可信度。一个大国扮演这个角色，会被视为是为本国或是其保护国寻求利益。一个小国扮演这个角色，会被认为是冒失的、追逐小国利益的。所有国家都会被自动视为属于某个权力集团和利益群体——在意识形态上、在经济上、在地理上或在军事上。就连被视为中立典范的瑞士，也明显属于一个特定的经济阵营，在经济事务上绝对不会被第三世界国家视为是中立的。

事实上，犯罪分子和独裁者在瑞士银行开设秘密账户藏匿资金的事实引起了相当大的争议，这是一个国家利益与世界道德发生冲突的鲜活例子。

正如没有任何一个政府能够在解决冲突方面建立起可信度那样，也没有任何一个政府联合体能够在解决冲突方面建立起可信度。这种联合体背后的缘由总是令人怀疑。显而易见的是，任何政府都得服务于自己国家的需要。所以，政府在解决冲突方面能做的最大贡献，就是承认自身现有组织结构的不足，并给予类似 SITO 这样的组织坚定的、实在的支持。SITO，根据它的命名，就是要去做任何政府都做不到的事情（但是任何政府都能受益，如果 SITO 能把事情做好）。

接下来我想要谈谈，不同的政府类型给解决冲突带来了什么不同的影响。

民主政府

民主政府必须通过选举产生。如果一个政党及其党员认为展现某种态度能赢得选票，那么这个政党及其党员就会展现出这种态度。这就是局部逻辑在起作用。个人逻辑空间也是存在的，个别党员会为了参选，或是为了在党内赢得个人声望而做出出格的举动。在选举中表现强硬，远比妥协、谈判或是解决冲突惹人注目。手持大棒、昂首阔步的形象，契合我们的情感与文化。人们都有这样的理想：保持强大，能不战而屈人之兵，这样就不会遭人摆布，这样就能保护自己。这个温和而强大的自卫模式没有错，但是执行起来却意味着要在国防上花费巨资。于是，我们懂得了在口头上要永远强硬，在行动上只要偶尔强硬即可。强硬地威胁对手要比强硬地跟对手打架来得实际。不得不跟对手打一架以证明自己的强硬，这样做的代价很高。所以，如果每个人都能通过你的立场和姿态知道你是强硬的，这样会好很多。动物王国深知这个道理，占据优势地位的动物会通过发出威胁和摆出姿态来告诫挑战者不值得开战，如果开战挑战者必败。

打架的道理和拉选票的道理是相通的。如果一方克制住自己不去制造对自己有利的噪声，那么另一方就会捡到很大的便宜，趁机为自己大做文章。

所有的民主国家都绕不开双重沟通，我在本书多个地方都提到过双重沟通：在国内开展一重沟通，在国际事务上开展另一重沟通。这个概念很多领导人一点就通，但是实际操作起来却很难，原因是任何显得缺乏诚意的做法都会立刻被看到（尤其是在屏幕上）。你不能称某人为混蛋，除非你真的认为他是。

当我们采取行动，不再只是沟通时，我们没办法采取双重行动。如果你向格林纳达派出军队，你就是向格林纳达派出军队了。你没办法要求别人相信你没有向格林纳达派出军队。

民主确实能够起到控制侵略倾向的作用。美国从越南撤军就是民意爆发之下的民主斡旋的结果。民意反对的，可能不是在越南驻军（尽管标题一直是这样写的），而是卷入一场不可能轻易赢得的战争——这让牺牲生命显得毫无意义。

大体而言，民主国家一旦宣告战事，各党派之间就会合作抱团，不这样做就无异于叛国。妨碍国家战争，就是蓄意破坏。不去支持那些冒着生命危险保家卫国的军队，就是可耻。

一个国家可能需要像里根或是撒切尔那样的铁腕领导人。然而，这样的铁腕领导人在做决策时，更多考虑的是保持个人风格的一致性，而不是分析每个事件的特殊性，我在前面的章节（第6章"风格"小节）对此进行过描述，从国际事务的角度来看，这样做决策可能是危险的。如果福克兰群岛争端略微变换一下，比如说变换到直布罗陀，面对比阿根廷大的西班牙，撒切尔夫人会怎么做呢？

找不到理由让人相信，民主国家的领导人能代表这个国家最智慧、最聪明的头脑。他们能代表的可能就是这个国家最好的政客，这就是另一码事了。很多聪明人不但不具备做政客所需的手段和性情，还缺乏对权力的渴求（以及理想主义，这在一些情境下是需要的）。就算是政治手段，在竞选中获胜的手段与在治理国家时施政的手段也完全不同。因此，我们的情况是，要解决重大冲突所需的最好头脑恰恰用不到解决冲突上去。我们需要像 SITO 这样的、不被党派染色的组织，聪明人只要一冒头，就通过 SITO 把他们网罗起来。

我提到了民主模式在解决国际争端方面有很多局限性。现在，我们来看看民主模式最基本的局限。民主模式在思维上是典型的辩论模式——在可预见的将来都会是这样。我方完全正确，你方完全错误，党派间的对抗从始至终体现着这样的思维，散发着这样的噪声。要让对民主模式深信不疑、身体力行的人们突然间抛开它，换用"设计"模式来解决冲突，是非常不现实和荒谬的。他们最多也只能做到像律师那样谈判和调解，而这不过是一种妥协和价值交换。他们缺乏创造力和建设性，而这两者正是设计模式的基础。只有运用设计模式的人们才能跳出给定的框架，而不是陷在其中分析和辩论。

官员

每位官员都有一个清晰界定的个人逻辑空间。他会被提拔上来，是因为他符合组织现有的文化。官员们希望按照规则和程序来运作官僚体系，因为他们的世界是行动的世界——假以时日，他们可能会从现有规则的守护者变成新规则的设计者。他们不愿被大众注视，无论如何都要避免让大众看到自己的错误。要做到这一点，最简单的方法就是遵守规则，在可能的情况下让别人去承担责任。如果把时间作为利器，那么很多问题都会消失或者淡化。

对失败和错误的惩罚要远超过对主动性和进取心的奖励，因此，没有哪位聪明的官员会违背个人逻辑空间的规则，去做开创性的事情。即使做成功了也会树敌，也不会得到提拔，因为被提拔的总是那些"稳重的"、不会去冒创新风险的人。

无论如何，以上这些都不是官员们的过错或缺失。根据我的经验，他们都是很有才华的人。他们足够聪明，能够按照官场的游戏规则行事。毕竟，在政治中，生存就是一切。

当我们审视那些可能在解决冲突中发挥作用的机构或组织时，我们不得不考虑那些组织在多大程度上是按照官僚体制运作的。如果它们的确是按照官僚体制运作的，那么几乎可以肯定，它们缺少解决冲突所需的设计精神。在建立任何新的组织（例如 SITO）时，这都是一个需要避免的危险。

行政管理所需要的思维模式，与创业和设计所需要的思维模式，根本不是一回事。这个分歧在大型慈善基金会里体现得最为典型。在这类组织里，对行政管理的必要强化，可能会彻底抹杀组织的社会功能：开创其他组织根本不可能开创的事业。开创才是此类组织存在的理由。

中央集权的政府

我在这里列举了所有依靠中央决策的政府的类型。这些政府也可能采用民主选举的程序，但是这些程序不向公众开放，只对党员开放。这些政府类型里，有尽心尽力承担社会责任的政府，也有典型的独裁政府。把这些不同类型的政府放在一起考虑，唯一的原因就是，政府首脑不需要在选举中做出承诺就能当选，当选后他们的权力是有保障的，是有延续性的。

显然，中央集权的政府体制没有我在讨论民主体制时所列举的很多弊端。它在政策上有更强的连续性，掌权的人可能更有能力，对辩论模式没有这么依赖，也不需要讨好选民，这就让一些事情变得不那么复杂。可以说，中央集权的政府实际上比民主政府更利于解决国际争端。然而，中央集权的政府体制还是有一些缺陷的。

在中央集权的政府里，内部权力游戏变得重要。在党内可能存在对权位的争夺。例如，一个军事派别可能会控制或支持某个政治集团。任何掌权的政治集团都有自己的优先事项、自己看问题的视角和自己的行事方式。要在福克兰群岛采取行动就一定需要一个军事政府。缺乏不同的意见，可能意味着很难扩展视角和接受其他看法。在中央集权的政府里通常都存在一个牢固的价值体系，因此很难在各种情形里让不同的价值观彼此碰撞。

在民主体制里，犯错误对政府和政客来说，通常都是致命的。因此，错误得以避免。如果韩国客机坠毁事件发生在美国，产生的影响将是巨大的。在民主体制里，政客们总是要小心提防公众的反应。一般来说，这会让政客们变得严谨，抵制任何狂野的冒险。在某些情况下，好战的态度可能受到鼓励。不过，在魅力型领袖坐镇的独裁政府里，好战的态度更容易受到鼓励。

平心而论，应该说，如果一个中央集权的政府真心要解决冲突，它可能比民主政府更有效。之所以如此，是因为中央集权的政府拥有更多的权力，不论是行善还是行恶。民主的目的是要达到一个平均：为了避免更多的恶行，却也放弃了一些善行。

梵蒂冈

曾经有一段时间，梵蒂冈能够在解决冲突中扮演第三方角色。那时候，大多数吵吵闹闹的国家都是欧洲天主教国家，因此它们接受梵蒂冈的权威。梵蒂冈被认为是中立的，是高于世俗国家利益的——在其他一些时候，梵蒂冈则非常直接地介入了世俗国家之间的争夺。梵蒂冈在美洲新大陆上划定界限，让西班牙和葡萄牙停战。在南美洲之所以只有巴西人说葡萄牙语，是因为他们被划在了葡萄牙这一边。

今天，梵蒂冈仍然受到某种高于国家层面的尊重，但是，由于意识形态的分割，它被明确地归入了西方阵营。同时，"已知"的世界不断扩大，梵蒂冈的天然权威不会自动延伸到像中国这么远的地方。

然而，关于梵蒂冈在解决争端上的历史性作为，有两点值得注意。第一，梵蒂冈是在一个高级别上，作为解决冲突的伙伴出场的，而不是一个低层次的跑腿。这样的第三方角色是我所提倡的，我在解释"三角思维"这个术语时提到过这一点。

第二，梵蒂冈本身是作为一个特殊的国家存在的，它不效忠于任何人。在未来的某个时候，我们可能会创建一个迷你国家，作为智识人士聚集的天堂，来到这里的人免受各自国家的压力。这将为 SITO 提供一个理想的环境。

一旦我们认识到人类的思维有多么重要，人类的思维必须对世界的未来做出多么大的贡献，迷你国家的概念不见得是不可行的。把联合国总部设在纽约，可能是一个重大的错误。

总结

这里存在一个真空地带，存在一个差距，存在一个需要。在这一章里，我试图说明，我们根本就没有解决冲突所需的组织结构。这不能归罪于任何人的恶意或无能，只能说，为特定目的设计的组织结构可能不足以满足其他目的。

我解释了为什么联合国不能在设计冲突出路上发挥第三方作用。由于成员国之间结成联盟，其代表制度让它无法担任第三方角色。红十字会过于关注自己的声誉，过于在意不超越自己的运作范围。个体政府由于缺乏独立性和必须对其人民负起首要责任，也无法发挥第三方的作用。位于海牙的国际法庭只能处理严格界定的法律事务。私人外交将始终占有一席之地，但它太微弱了，太像跑腿了，难以发挥积极设计的作用。梵蒂冈再也无法做这样的工作了。

因此，我们需要一种新的组织结构能实际地运用设计模式来解决冲突。这将与运用辩论模式解决冲突形成对比。

如果我们认识不到这种需要，如果我们对现有的组织结构过于自满，那么我们就明显缺乏远见。

在下一章，我将详细说明我关于 SITO 的构想。

整本书实际上就是为了提出这个具体的构想。对现有事物提出批评并附上具体的替代方案，是因为对现有系统的自我改进能力没有信心。

19

SITO

我们终于来到了本书最重要的部分：把本书所阐述的概念落到操作层面的实际做法。如果我们传统的辩论模式不足以解决冲突，如果我们现有的组织结构无法有效解决冲突，那么我们就需要一些新的东西。

新的东西就是设计模式。运用设计模式的组织结构就是SITO。SITO的重点将是创造性的设计，而不是辩论对抗。

在这一章里，我将概述SITO的本质和功能，因为重要的不是给出大量的细节。SITO概念的价值在于它所指明的方向。创建像SITO这样的组织结构是绝对必要的，我在这里会对SITO的组织结构和功能提出建议。但是SITO的价值并不依赖于我提出的具体建议。SITO最终可能会呈现出不同的样子。事物还在形成阶段，在这个阶段，需要来自各方的意见，最终是由各方利用SITO解决冲突。SITO如何才能对各方最有价值？

SITO 如何才能避开各种缺陷？经验已经告诉我们那些缺陷会削弱冲突的解决。

作为开端，SITO 基金会已经在海牙成立，初始运营基地设在马耳他（一个中立、不结盟的小国）的马尼西宫（Palazzo Marnisi）。

SITO 这个名字是超国家独立思考组织的首字母缩写。

超国家

SITO 作为一个智囊红十字组织，需要在政治、意识形态和国家之外存在并发挥作用。它不是一个国际组织，而是一个超国家组织。它不会是一个像联合国那样的代表机构，不会有任何成员国担任管理机构成员或是作为代表投票。我在上一章里已经详细解释了原因。任何代表机构都无法脱离代表们的意愿行事，代表们也无法脱离自己国家的利益行事。这将完全破坏 SITO 的目的，因为 SITO 正是为了摆脱这种限制而特别设立的。SITO 的定位是一个超国家机构，它需要像一个超国家机构那样运作。

独立

SITO 必须远离任何拥护者和依附者。它也不能接受任何长期的资金支持。如果 SITO 依赖于某个特定的资金来源，那么它的行为就总会被解读为受到这种依赖性的影响。美国退出联合国教科文组织的举动表明，成员国期待自己的需求被满足，如果满足不了，成员国可以撤回财政支持。SITO 必须能够自由地从事解决冲突的工作，无须接受任何必须让某些方面满意的暗示。除非人们认为 SITO 的思考是独立的，否则它的价值难以超出目前充斥不绝的党派代言。投票机制和持续的资金支持都不适合 SITO。贡献自己的思考给 SITO 的人，都以个人身份这样做。虽然 SITO 很乐意与联合国和红十字会等现有机构合作，但它在思考上将始终保持独立。

思考

SITO 的主要目的是创建一个**直接聚焦于思考**的机构，这就是 SITO 的特别之处。有些机构聚焦于国家利益，有些机构聚焦于农业或是健康这样的特定领域。SITO 的目的是直接聚焦于思考。SITO 势必会介入解决冲突（以及其他事务），但是它对解决冲突的贡献将始终体现在思维上。因此，SITO 绝不可能是一个由官员们组成的灰色行政组织。对思维的高度重视意味着这样一个机构只能由在思维领域有专业经验的人士组成。

组织

组织是超越个人的，组织更强大、更有效，组织具有连续性和扩张的可能性。我不认为我在本书中提出的解决冲突的概念能够得到有效的运用，除非能创建一个组织结构来运用它们。SITO 必须独立存在，这不是请位顾问来就能解决的问题，不管这位顾问多么有才华。顾问始终只是一个服务的角色。SITO 必须有自己的权威，并以三角思维概念里的伙伴角色参与解决冲突。SITO 必须要能采取主动，建立工作团队和组织会议。SITO 必须要能撰写和发布报告。如果 SITO 能作为一项保护伞来协调私人外交活动，这也将是 SITO 的一项价值。SITO 这个组织必须高度精简和有效，不能是一个官僚机构或一个帝国。

名字和商标

SITO 这个词在大多数语言（英语、西班牙语、日语等）里都是读得出来的，并且读音差异不大。

存在价值

SITO 的第一个价值就是我们需要它存在。我在前面的章节里指出过，要确立一个概念，就必须让它像"概念"那样存在。用一段描述或是一段劝告来传达，虽然能够起到沟通的作用，但却发挥不了概念的功能。大家来看下面这段话：

> 我们还没有找到非常有效的解决冲突的途径。我们倾向于依赖辩论模式，但辩论模式其实是冲突的延续。我们需要走向另一个模式，它就是设计模式，设计模式是由探索性的绘图和创造性的设计构成的。我们目前负责解决冲突的机构在组织结构上是有缺陷的，我们需要一类新的机构来运作不同于以往的设计模式。

这段话很长，需要思考才能读懂，还可能需要更多解释。然而，使用 SITO 概念的话，一个词就可以囊括。

SITO 这个概念确立之后，就能发挥概念的作用了：我们可以讨论解决冲突的 SITO 模式。可以将辩论模式与 SITO 模式（设计、三角思维）做对比。

一个概念一旦成为感知系统中的一个"神经节点"，经验就会围绕这个概念被组织起来。这就好像第一批房子一旦在一个重要的路口建起来，一个小村庄就会形成，慢慢扩大成一个小镇，最后发展成为一个有大片郊区的城镇，有道路网络与其他城镇相通。

因此，SITO 概念的存在为我们提供了一个聚焦点和一个出发点。换个方向思考变成可能。找一个思考模式取代辩论模式变成可能。第三方角色、三角思维和设计有了用武之地。新道路的出现表明旧道路**不是唯一的**。

操作层面

我已经在本书中明确指出，运用设计模式解决冲突，需要一个由三方组成的设计团队。这就是三角思维概念的体现。SITO 作为第三方监督团队思考的过程（位于正三角形的顶端）。我已经明确指出过，思维是解决冲突的关键因素。

我也已经明确解释过，我所想的 SITO 不是普通的中介、信使或跑腿，尽管这些角色也是有价值的。SITO 执行的不是普通意义上的谈判，它不走讨价还价的程序。我已经尽力说明了设计模式是个不同的模式。跟所有的设计业务一样,客户有权拒绝最终的设计,但是在设计过程中,设计师不是客户的仆人。

这一点非常重要,因为它决定了设计模式能否取得成功。如果大家都认为,依靠一位中介就能平息冲突,那么就不需要设计什么方案了。主导人们行为和思维的仍然是对抗模式。要让设计模式发挥作用,就必须让设计模式在当下成为主导。请室内设计师来做设计,却详尽地告诉他每个部位都要有什么,这样做会大大削弱设计师的价值,把结果搞得一团糟。任何有才华的设计师都会离开,因为在这种情况下不可能做出任何设计。客户的作用就是在开始时说明需求和提供信息,在结束时决定是否接受设计方案。

应用 SITO 模式工作,冲突双方都是 SITO 的客户,都是三角设计团队的一部分,三方一起工作。

SITO 的组织结构

SITO 将设一个小型的中央秘书处,负责行政、组织、通信和筹备会议。这个秘书处的作用是支持整个组织的运作。

中央委员会是由思考者组成的核心团队。思考者们相信 SITO 的概念,擅长设计,具备解决冲突的经验。团队里一些成员的参与度会比其他成员高。

最终在每个国家都成立一个国家委员会,负责在这个国家里组织和执行 SITO 的功能。国家委员会的职能还包含在这个国家里网罗思考人才,与这些人才保持联系。

SITO 将建立一个思考者**智库**，思考者们将始终以个人身份工作，熟练地运用设计模式解决冲突。在任何情况下都可以把这些人当作"思考的资源"加以利用。这些人既可以通过直接进入设计团队来做贡献，也可以通过完成给定的思考任务来做贡献。思考者智库的大小没有限制。

国家的参与

各国的支持和参与对 SITO 概念至关重要。各国必须看到 SITO 有助于解决它们的冲突。有几个国家已经向我表示，它们看到了 SITO 概念的巨大价值。正如我在前面提到的，SITO 需要与不同国家合作，以形成 SITO 的最终组织结构，这一点非常重要。我还希望较小的国家和第三世界国家也能看到 SITO 为它们提供的独特参与机会，这种参与不受军事或经济力量的制约。

SITO 将不会是一个代表大会。然而，每个国家都将被要求指派一位 SITO 代表，作为联络员参与 SITO 事务。此外，每个国家还要指定一位思考者，响应 SITO 的召唤，在讨论中代表自己国家的观点。

我期望各国政府都能认识到把 SITO 作为一个独立机构并与之密切合作的价值——就像现在跟红十字会这样。

外部观点的价值

卷入冲突的各方根本无法从外部角度看待冲突。不管有多聪明或多客观，他们都不可能既置身于冲突内部又置身于冲突外部。

SITO 将处在一个提供外部视角的理想位置上。这是 SITO 作为一个独立机构存在的直接价值。在实践中，获得外部视角并不总是那么容易，因为朋友们并不是真正的局外人，记者们也会以特殊的角度做报道。你向谁征求意见能得到外部视角呢？到目前为止还没有一个组织能做到这一点。SITO 将成为这样一个组织。

便利的价值

首先，我想简要地说明 SITO 带给冲突各方的便利性。这个便利性在于，仅仅是 SITO 的存在，就允许冲突各方做一些原本无法做的事情。我想强调的是，这个功能还不是 SITO 的主要功能，SITO 的主要功能是设计。SITO 的便利功能与设计功能是分开的，便利功能完全不依赖设计功能，与 SITO 组织的思维技能应用活动无关。只要 SITO 存在，就具备便利功能。

SITO 可以提供一个沟通渠道，这个沟通渠道是前所未有、独一无二的。例如，英国人可以通过 SITO 与阿根廷人对话，SITO 在其中发挥类似调解的功能。

SITO 能让人们换一种方式提出探究、提议和建议（我在前文对此做过表述）。冲突的一方可能不希望用自己的口说出一个建议，它可以把这个建议传递给 SITO，由 SITO 说出来并进行探究。

当冲突双方都不接受对方作为会议东道主时，SITO 可以提供协助担任会议的主办方。当双方都因为担心遭到拒绝而不愿直接发出邀请时，SITO 可以出面发起会前会，例如举办一场高峰论坛。

冲突的一方可能会意识到自己处于劣势。从顾全面子的角度出发，它可能会接受 SITO 的方案，因为这比输给另一方更可取。

冲突各方的倡议都可以通过 SITO 提出，而不是由各方提出。

如果局势已经升级到了危机的地步，为了缓和局势，可以请 SITO 出面，这样能起到冷处理的作用。

可以要求 SITO 制作一份"冲突报告"，作为谈判的基础。

可以请 SITO 就一系列建议给出第三方意见。

以上这些功能和其他类似功能，都为冲突各方提供了便利。这些便利都不依赖于 SITO 在思维上的特殊才能，SITO 并不是作为一个方案的设计者参与其中的。然而，这些功能却也给 SITO 带来了一份实在的好处：对于那些怀疑设计模式优于传统对抗模式的人们，SITO 的便利功能足够明显，SITO 的存在也足够必要。而 SITO 一旦存在，它就能证明自己在其他方面更重要的价值。

探索和绘图

现在我们来谈谈 SITO 的真正目的：提供一种难以在冲突情境中发生的思维方式。我在第 3 章里描述了探索和绘图的思维方式。它是通过使用工具，刻意引导人们的注意力进到探索和绘图里去。在这种思维方式下，冲突各方能解放思想，跳出相互辩论的境地，共同为整个局势绘制地图。SITO 的作用是开展和监督绘图活动，SITO 既能与冲突各方单独工作，也能带领冲突各方一起工作。

通常都是经由绘图练习进到全面的设计工作。然而，绘图练习本身也是有价值的，有可能做完绘图练习就停止了。这时冲突各方对局势、对自己的立场和对对方的立场都会有更清楚的认识。

绘图练习必须在第三方的监督下进行，即使思考实际上仍是由冲突各方完成的。虽然绘图练习也可以只在某一方的内部开展，但这样做的效率远不及有第三方监督的情形高。

创造性设计

创造性设计是 SITO 的主要功能，也是本书的主旨所在。它的思维方式不是辩论模式，而是设计方案的模式。任何冲突都被视为一个设计机会。SITO 与冲突双方一起，组成三方联合的设计团队，充分运用"三角思维"，共同为冲突创出一条出路。正如我多次提到过的，SITO 既是设计团队的平等一员，也是团队思维活动的组织者：给出创造性设计任务并设置议程。

需要注意的是，设计工作的目的是提出对冲突双方都有意义的、双方都能接受的方案。

设计工作也包含，在任何时间节点上都能提供一组备选方案。不必限制备选方案的数量，但也不应认为所有可能的方案都会被讨论出来。多一个备选方案，其实是多拓展一步我们的感知地图，即使不被采纳，也会影响我们对事物的思考。一个想法，想到了就是想到了，不可能**抹去**。它会成为地图的一部分，一直能被调用。

跟备选方案比，"方向上的建议"（我这样称呼它们）更少被提及。它们只是思考的方向，还都不是完整的想法。但是一旦确定了一个思考方向，思维就会顺着这个方向推进（就像莱特兄弟把"不稳定的飞机"确定为研究方向那样）。

收获创造性的成果，也是 SITO 的一项重要工作。每一点创造性的努力都会产生一些有用的结果——只是我们需要被训练去收获那些结果。如果因为没有产出最终方案，就认为创造性的努力是在浪费时间，那就大错特错了。

即使设计出了一个方案，这个方案也能被改善，或者被更好的方案取代。设计是一个连续的过程。坐等最终方案是不现实的。可能必须在过程中采取行动。这就好像是在制造业，产品设计进展到某个程度就必须定案，这样才能进行批量生产。

毫无疑问，设计不仅仅是一个抽象的乌托邦。验收条件、转化步骤、边际效应、实施程序，这些内容**都需要设计出来**，而不是在事后添加。其中，转化步骤的设计可能确实是最重要的。

在开展创造性设计的方式上，SITO 可以有两种做法。主要的做法是直接与冲突各方一起应用三角思维开展工作。次要的做法是利用自身资源成立独立的思考工作组，为冲突各方提供备选方案。有些时候，SITO 在不直接参与的情况下也可以这样做。

解决问题

虽然本书聚焦于解决冲突，但是其他领域也需要创造性设计模式，需要创造性思维，需要新的概念和观念。这些领域所面对的，可能是具体的问题，也可能只是一些关注点。这其中可能包括失业或是第三世界债务。在这些领域，SITO 也能以独立思考者的角色提供支持，例如组织概念审查会议（我将在下文进行解释）。

冲突是一类特别的、令人不满的情形。它恰好具有危机的属性，它既是一种破坏，也是一种浪费。这就是为什么我们需要更好的办法来解决冲突。由于辩论模式的不充分，所以本书推出了设计模式，并且提议成立 SITO 作为推行设计模式的组织。然而，设计模式在思维上的应用范围要广泛得多。

概念审查

我们每天都收到海量信息、细节和概念。借助一个概念，我们能把其他概念也组织到一起，从而能够容易地描述事物和推动事情发生。我们能通过分散风险这个概念来推销保险。我们能通过增值税这个概念来收税。"税"本身也是一个概念。在一些国家，比如新加坡，有强制储蓄的概念，它既包含了税的概念，也包含了储蓄的概念。

概念审查是在概念的层次上开展的思考。在这种局势下可用的概念是什么？哪些概念在弱化？主导的概念是什么？哪些概念在发生改变？哪些新的概念在生成？哪些概念在阻碍进步？需要哪些目前还没有的概念？概念审查就是以这样的方式呈现现状。

概念审查可以用报告的形式展示结果。也可以召开概念审查会议，人们面对面开会，对某一具体领域的概念做精确的审查。SITO 可以与该领域的专家组织合作，参与召集这样的会议。SITO 能提供思考的框架和组织对概念的审查，专家组织能提供该领域的专业知识。

主办方

SITO 可以发出举行会议的倡议，然后主办这些会议。也可以在 SITO 的大旗之下设立其他机构。一旦 SITO 在其专注的思维领域建立了充分的信誉，那么这种信誉就可以在很多方面发挥作用。

公约

SITO 可能会参与制定一份类似《日内瓦公约》的冲突讨论约定。它可以是一个由各国签署的宪章。制定这样一个宪章本身就是一次会议的主题。这个宪章可能包括以下内容：

1. 所有 SITO 的签约国在预料到将会发生冲突的情况下，都会派出代表团在 SITO 的主持下与对方会晤。

2. 即使是在冲突最严重的阶段甚或是在战争期间，冲突双方也会不间断地开展讨论。
3. 不允许退席或是弃权。
4. 即使只有一方希望由 SITO 来设计方案，SITO 也会受邀做设计。
5. SITO 会定期发布自己观察到的各方的立场以及各方在立场上的变化。
6. 每一方都应该陈述自己的价值观、原则和恐惧。
7. 每一方都要对自己给出的条件负责，确保它们是明确的。
8. 总是能够拿到最新的备选方案汇总。
9. 在 SITO 的讨论中，禁止使用侮辱性语言和晦涩的术语。
10. 有反对意见时，必须详细解释自己的意见并提供细节，不能只是抛出意见。

可能还会列出更多条。公约的目的是把对讨论无益的行为以"律条"的形式显化出来，这样就不用在讨论过程中时时刻刻地提醒大家注意自己的行为了。有了公约，人们就会知道自己该做什么、不该做什么。公约还能起到稳定讨论框架的作用。

运作方式

SITO 将以四种基本方式运作。

1. "全盘运作"。SITO 将与冲突双方一起组成三方设计团队，运用经典的三角思维为冲突设计出路。冲突双方将在 SITO 的场地开展设计工作，这一点很重要，因为可能需要改变讨论的整个基调和模式，脱离之前的辩论模式。如果冲突双方继续留在原来的环境里，要转变气氛和情绪是做不到的。最好是冲突双方来找 SITO，而不是 SITO 去找冲突双方。在后一种情况下，SITO 将仅仅以顾问的身份工作。而在前一种情况下，SITO 将承担主设计师的角色。

2. "平行运作"。冲突双方在请 SITO 参与的同时，还会采取其他解决冲突的行动，SITO 的工作与其他行动并行。在这种情况下，SITO 不是全盘接手。冲突双方都需要组织代表团与 SITO 会晤。甚至有这样的可能，代表团暂停其他活动一起参加 SITO 的会议，会后回去直接谈判。

3. "审查运作"。SITO 以观察员身份加入讨论。观察员审查过往发生的事情，并不时提出自己的建议。其建议包含自己的观察、备选方案设想，或是备选方案的方向性建议。在这里，SITO 的功能就是提供额外的输入。

4. "直接运作"。SITO 可以独立采取行动。它可以召开会议，发布报告，并成立工作组来思考问题和冲突。SITO 不必等待别人上门。SITO 可以利用自己的思维资源为解决冲突设计方案。SITO 可以公布这些方案，供那些卷入冲突的各方参考。冲突各方都能看到这些备选方案提议，公众也能看到。

有时 SITO 会以高度机密的方式行事，而在其他时候，SITO 会以一种人人可见的方式行事。这取决于局势的需要和冲突各方的动向。当然，选择高调还是低调，在一开始就会做出决定。不用说，机密信息是永远不会泄露的。有时候，信息披露对当事人有利。例如，适当"放风"能为方案的落地起到铺垫作用。保密有保密的价值，披露有披露的价值。

培训

SITO 的职责之一可能是建立培训体系，训练谈判者掌握本书所提倡的思维方法。培训这件事本身就很值得做。而由 SITO 作为独立第三方提供的培训，它的价值是其他内部培训都无法取代的。

对于所有参与思考解决冲突的人来说，对设计模式有一些了解是非常有用的。

资金

这是一个难点，因为任何持续的资金支持都会破坏 SITO 的独立性。理想的资助方式应该是捐赠这类的。

为冲突所付出的巨大代价应该能让人们认识到，SITO 运营所需的资金是微不足道的。SITO 的成本就是人力成本加后勤成本。我在前文提到过，据统计，英国矿业工人罢工的损失是每天 1000 万英镑，总计 35 亿英镑。马岛战争导致的损失，大概是 20 亿英镑（可能还要多得多），再加上英国在战后每年还要开销 6 亿英镑。一架 F-18 战斗机的价值约为 2200 万美元。一天的激战至少要花费 5000 万美元。正是在这种背景下，我们必须考虑我们想在避免冲突上花多少钱。如果每个国家都将其国防预算的 0.01% 用于避免冲突，这可能会节约大量的金钱。

SITO 的风格

SITO 需要清晰地界定自己的风格，这对 SITO 非常重要。以下要素需要包含在内：

- 基于理性的、无情的诚实，由此而来的超脱和客观。因此看待事物，能在差异巨大的价值体系间切换。
- 在做价值判断时，保有节制。在做出预判（是否可行）和评估匹配度（能否达到目的）时，遵照设计程序进行。
- 有足够多的选择。即使有些备选方案不如其他的方案有吸引力，也把它们呈现出来，因为它们在概念层面是资源。
- 能激发新想法、新视角和新方向。
- 密切关注利益、价值和机会。

- 注重所提方案的边际效应、过渡步骤和实施细节。
- 重视验收环节。
- 绘制的地图必须清晰和全面。

总的来说，SITO 应该以一种清晰、明确的风格来运作。不应该扯东扯西或是怯声怯气。SITO 必须指挥和引领思维，而不是随波逐流。SITO 必须发展自己在设计上的权威。

可信度

这是一个先有鸡还是先有蛋的问题。SITO 只有开始运作才能显示自己的价值，矛盾的是，SITO 在显示出自己的价值之前很难开始运作。作为一个概念，SITO 源于我们当前冲突解决系统的不足。除非我们对现状极度自满，否则我们不会否认需要像 SITO 这样的机构。或许我们可以采取失败主义的态度，认为我们目前解决冲突的方法已经是最好的了，由于人类的本性，冲突根本无法解决。但是，这个态度忽略了这样一个事实，即我们现有的解决冲突的组织结构（更别提思维了）在设计上是有缺失的，它们无法全面履行解决冲突的功能。

如果我们对目前解决冲突的方法感到满意，那么我们的未来将会非常糟糕。

SITO 可能需要时间来发展自己的设计技能，显示自己的价值，建立自己的可信度。我深信必须朝这个方向努力。如果不是现在就开始，还能是什么时候？

重要的一点是，SITO 能发展成什么样子，完全取决于我们愿意做怎样的投入。如果我们相信它能起作用，它就会起作用。它是一个我们不敢忽视的方向。

最后，回应上面说到的先有鸡还是先有蛋的问题，回答很简单：如果冲突各方所处的位置都不利于设计出最佳方案，那该怎么办呢？ SITO 就是一个答案。

鉴于冲突的代价如此巨大，哪怕只是在一定程度上改进我们处理冲突的方法，也是值得的。一旦我们意识到，我们目前在解决冲突的思维上存在不足，我们就有可能取得相当大的进步。

放眼世界未来，没有比解决冲突更重要的事情了。

后 记

  有些人会说，人性本就带有侵略性，有信仰就会有傲慢，权力的召唤难以抵御，上述种种总是会埋下祸端，只要有一方能从冲突中捞到一票，就会爆发冲突。有些人会说，要获得真正的安全，唯有构建足够威慑侵略者的坚固防御。我在本书中所写的一切，都没有反对这些观点。这样做不是我的目的。

  我的主张是，我们目前的解决冲突的思维方式存在局限，它会加剧冲突，使冲突变得难以解决，即使冲突双方都确实有意要解决冲突。我的建议是，我们的思维方式需要从辩论/冲突模式转向设计模式。当你开始设计一架客机时，你必须考虑方方面面的性能（航程、负载、燃料消耗、安全、噪声、座位、舒适度）、多项原则（航空学原理、经济学原理），以及各种利益诉求（运营人员、乘客、生产单位、环保人士）。然而，最终，飞机得要能**飞起来**。解决冲突的设计模式与此类似。要面对不同的价值观、不同的原则和不同的利益，最终，方案必须**行得通**。

  一旦我们决定为冲突设计出路，我们就得用适合设计的方式思考。辩论/冲突模式根本不是设计模式，这一点必须非常清楚。我们使用辩论/冲突模式是因为我们没有其他模式可用，还因为让冲突各方自行从冲突模式切换到设计模式是不可能的（他们被自己的立场锁死了）。

要使用设计模式，就**需要**能大量产生创造性的内容。不仅要使用现有的概念和在现有的感知系统内工作，还要创建新概念和刷新感知系统，而且要提供新的备选方案。辩论模式只能在非常有限的程度上做到这一点。

SITO 的目的不是提供即时的方案，而是为设计思考这一需要创造性的思维模式提供一个**聚焦**。在实操上，有三种利用 SITO 的方式。SITO 可以作为一个"成分"，加入任何一个已经启动的冲突解决进程。

第一种方式是 SITO 直接参与，与冲突双方一起讨论方案。SITO 将寻求提供新的选择和新的可能性。一个想法一旦被提出，就不可能不被思考。第二种方式是把设计方案的工作派给 SITO，要求 SITO 独立设计方案，然后由冲突双方一起评估。第三种方式是 SITO 独立行动，召开"概念审查"会议和发布报告。

为了防止人们对 SITO 的角色产生误解，我必须强调两点。第一点是谈判**不同于**设计。谈判是冲突双方之间的讨价还价。设计是从全局出发，冲突双方只是部分因素，还有很多其他因素。第二点是 SITO 的角色不是调解人、谈判者或法官。SITO 的角色是设计师，强调创造性设计。

人们会说，冲突各方永远不会听 SITO 的，因为 SITO 没有权力基础。这样说有它的道理，不过我对此的回应有两点。首先，SITO 的存在是为了提供**价值**，而不是获取权力。维生素片没有任何权力。SITO 的目的是在需要时提供帮助和资源。其次，SITO 永远拥有"思想的力量"。一种思想一旦被认为是有价值的，它就会产生力量。最后还有推荐的力量：如果 SITO 被推荐去解决一场冲突，SITO 就能提供设计意见。

SITO 的目的不是为世界上所有的问题提供即时的方案。SITO 的价值在于给出思考这些问题的方法，它的方法是创造性的、使用设计模式的。SITO 的最终价值不仅来自它自己的工作，也来自其他人如何看待它作为一种资源的价值。

我不得不说，我所听到的所有反对 SITO 的意见，没有一个足够充分。没有理由不继续 SITO 这个项目。继续这个项目，潜在的好处是巨大的，潜在的危险是零。我们需要的是远见、勇气和执行力。

虽然这本书引出了 SITO 的概念，但它的大部分内容都能独立成篇。我已经表明了，为了解决冲突，我们需要从辩论/冲突模式转向设计模式。为此，我们需要有一些新的思考。

译者后记

感谢宋学文编辑把德博诺博士的这本著作推荐给我翻译。听到书名的时候我还有些惊讶：老先生是思维领域的泰斗，怎么也会写人际方面的内容？待翻看目录，我才认识到《冲突》这本书写的仍然是思维。老先生是想要让世人觉察：一直以来人们是如何制造冲突并受困自苦的。它在内涵和深度上远超《六顶思考帽》和《水平思考》，我个人体会它才是老先生的代表作。

读这本书特别烧脑。老先生知道自己要讲的道理轻易读不懂，所以在讲解的时候，先借用生活场景打比方，再搬出过去几十年里发生的国际事件做案例。他还点评了诸多政治人物和国际机构。所以，读这本书的时候，常常需要反复消化。

这本书每翻两三页，就会遇到一个小观点，虽然是小观点，却同样耐人寻味。所有的小观点集在一起，也许可以概括出下面这条主线：

1. 人脑的结构和处理信息的方式（感知的自组织系统），决定了我们一旦进入一个模式，就很难跳出这个模式，这一思维上的缺陷很难被察觉。

2. 人们长久以来都是在对抗模式下处理冲突，虽然饱受其苦，却难以自知，或者即便有所察觉，也很难跳脱。

3. 今天的世界格局之下，继续使用对抗模式没有前途。未来人们需要学习使用设计模式。

4. 从对抗模式转换到设计模式，人们不仅需要理解对抗模式的由来和弊端，还需要学习设计模式的逻辑和工具，更需要建立推行设计模式的组织。

5. 设计模式的未来，取决于人们在当下的实践，它将经由人们的实践发展完善。

读到这本书的最后部分，会看到老先生反复地说：需要建立一个推行设计模式的组织（他命名为 SITO 超国家独立思考组织），以帮助人们尽早掌握设计模式，脱离对抗模式。我查阅到在海牙确实成立过一个 SITO 基金会，但是后续就找不到信息了。这也许从一个侧面说明了：我们对设计模式的认识和实践还处在初期。

尽管如此，或者正因为如此，我认为这本书值得读。读这本书，就是接受一次思维训练，搞清楚老先生的逻辑，多少能领悟一些他的思辨方式；读这本书，又好比收看一档有深度的时事评论节目，他对一些国家间争端的剖析及对出路的建议，都非常独到、发人深省；读这本书，还对认识当下我们正在经历的"百年未有之变局"有莫大的助益，认识越清晰，越能保持清醒。可以说，读这本书，正当时。

因为我自己是在企业领导力与组织发展领域工作的，所以我特别推荐从事组织发展工作的人士阅读这本书。推荐理由有三：一是有助于站在足够的高度上理解组织内的冲突；二是有助于采取足够明智的策略处理组织内的冲突；三是有助于避开企业文化构建过程中的陷阱。

最后，阅读这本书还需要独立思考。对于一些事物，是直接取用老先生的结论，还是吸收老先生的思想精髓推出自己的结论，这两者是不一样的。这一点需要留意。

以上是我对这本书的感受和推荐。书中由于翻译原因导致的错误和疏漏，恳请读者包涵。

周蓓华

2020年最新版
"日本经营之圣"稻盛和夫经营学系列
马云、张瑞敏、孙正义、俞敏洪、陈春花、杨国安 联袂推荐

序号	书号	书名	作者	定价
1	9-787-111-63557-4	干法	【日】稻盛和夫	39.00
2	9-787-111-59009-5	干法(口袋版)	【日】稻盛和夫	35.00
3	9-787-111-59953-1	干法(图解版)	【日】稻盛和夫	49.00
4	9-787-111-47025-0	领导者的资质	【日】稻盛和夫	49.00
5	9-787-111-63438-6	领导者的资质(口袋版)	【日】稻盛和夫	59.00
6	9-787-111-50219-7	阿米巴经营[实战篇]	【日】森田直行	39.00
7	9-787-111-48914-6	调动员工积极性的七个关键	【日】稻盛和夫	45.00
8	9-787-111-54638-2	敬天爱人：从零开始的挑战	【日】稻盛和夫	39.00
9	9-787-111-54296-4	匠人匠心：愚直的坚持	【日】稻盛和夫 山中伸弥	39.00
10	9-787-111-57213-8	稻盛和夫谈经营：人才培养与企业传承	【日】稻盛和夫	45.00
11	9-787-111-57212-1	稻盛和夫谈经营：创造高收益与商业拓展	【日】稻盛和夫	45.00
12	9-787-111-59093-4	稻盛和夫经营学	【日】稻盛和夫	59.00
13	9-787-111-63157-6	稻盛和夫经营学(口袋版)	【日】稻盛和夫	59.00
14	9-787-111-59636-3	稻盛和夫哲学精要	【日】稻盛和夫	39.00
15	9-787-111-59303-4	稻盛哲学为什么激励人	【日】岩崎一郎	49.00
16	9-787-111-51021-5	拯救人类的哲学	【日】稻盛和夫 梅原猛	39.00
17	9-787-111-64261-9	六项精进实践	【日】村田忠嗣	49.00
18	9-787-111-61685-6	经营十二条实践	【日】村田忠嗣	49.00
19	9-787-111-63999-2	与万物共生：低碳社会的发展观	【日】稻盛和夫	59.00
20	9-787-111-66076-7	与自然和谐：低碳社会的环境观	【日】稻盛和夫	59.00

上任第一年

ISBN	书名	定价	作者
978-7-111-56729-5	付费：互联网知识经济的兴起	59.00	方军
978-7-111-59744-5	知识产品经理手册：付费产品版	59.00	方军
978-7-111-52803-6	事业合伙人：知识时代的企业经营之道	39.00	康至军
978-7-111-52445-8	上任第一年1：从业务骨干到团队管理者的成功转型	49.00	（美）琳达 希尔
978-7-111-52442-7	上任第一年2：从团队管理者到卓越领导者的成功转型	45.00	（美）琳达·希尔 洛厄尔·肯特·莱恩巴克
978-7-111-40482-8	高绩效教练	39.00	（英）约翰·惠特默
978-7-111-54017-5	种下股权的苹果树	59.00	唐伟
978-7-111-53982-7	复盘+：把经验转化为能力（第2版）	39.00	邱昭良
978-7-111-57752-2	华为研发（第3版）	69.00	张利华